中国科普作家协会国防科普委员会推荐图书

舰船科普丛书

国之重器

中国船舶及海洋工程设计研究院
上海市船舶与海洋工程学会
上海交通大学
主编

护 卫 舰

王 建　肖海松
编著

上海科学技术出版社

图书在版编目(CIP)数据

护卫舰 / 中国船舶及海洋工程设计研究院，上海市船舶与海洋工程学会，上海交通大学主编；王建，肖海松编著. —上海：上海科学技术出版社, 2019.8（2023.6重印）
（国之重器：舰船科普丛书）
ISBN 978-7-5478-4459-5

Ⅰ.①护… Ⅱ.①中… ②上… ③上… ④王… ⑤肖… Ⅲ.①护卫舰-青少年读物 Ⅳ.①E925.674-49

中国版本图书馆CIP数据核字 (2019) 第096848号

舰船科普丛书

护卫舰

中国船舶及海洋工程设计研究院
上海市船舶与海洋工程学会　**主编**
上 海 交 通 大 学

王　建　肖海松　**编著**

上海世纪出版（集团）有限公司
上 海 科 学 技 术 出 版 社　出版、发行
（上海市闵行区号景路159弄A座9F-10F）
邮政编码201101　www.sstp.cn

上海盛通时代印刷有限公司印刷
开本 787×1092　1/16　印张 14
字数 240千字
2019年8月第1版　2023年6月第3次印刷
ISBN 978-7-5478-4459-5/N·172
定价：80.00元

本书如有缺页、错装或坏损等严重质量问题，请向工厂联系调换

内容提要

护卫舰是一种以舰炮、导弹、反潜武器为主要装备，执行近海巡逻警戒、编队护航、反潜、反舰、防空等使命任务的中小型水面战斗舰艇。

本书向广大读者介绍了护卫舰的发展历史、护卫舰的组成与特点、中国护卫舰的代表舰级、中国出口的护卫舰、国外典型护卫舰以及近海护卫艇等内容，并带领读者畅想护卫舰的发展趋势，充分展示了中国护卫舰峥嵘的发展历程。

本书图文并茂，集通俗性、趣味性和知识性于一体，可作为青少年和对舰船知识感兴趣的普通读者阅读，以激励广大青少年朋友奋发图强，投身到舰船事业中，为建成世界一流海军努力奋斗，共同实现中华民族伟大复兴。

国之重器 —— 舰船科普丛书

编委会

- **主　任**

  邢文华

- **副主任**

  黄　震　卢　霖　林　鸥　盛纪纲　胡敬东
  韩　华　张　毅

- **委　员**

  陈　刚　沈伟平　姜为民　李小平　黄　蔚
  赵洪武　王　洁　冯学宝　王　磊　张莉芬
  张达勋　张　超　景宝金　吴伟俊　倪明杰
  许　刚　孟宪海　王文凯　韩　龙　余继亮

国之重器——舰船科普丛书
专家委员会

■ **主　任**

曾恒一　潘镜芙

■ **副主任**

韩　华　郑茂礼　郑　晖　杨德昌　田小川

■ **委　员**

王佩宏　张照华　郭彦良　张关根　杨葆和
俞宝均　张文德　张福民　涂仁波　毛献群
张祥瑞　马　涛　吴正廉　徐寿钦　陈德耀
张仲根　戴自昶　张　帆　罗杏春　马炳才
刘厚恕　张太佶　张富明　李志刚　李新仲
谢　彬　王建方　李刚强　吴　刚　徐　萍
王彩莲　张海瑛　仲伟东　于再红　丁伟康

国之重器——舰船科普丛书

编辑部

■ 主　编

张　毅

■ 编写人员（以姓氏笔画为序）

于再红	卫琛喻	王　庆	王　建	王　莉
王建方	韦　强	曲宁宁	任　毅	刘积骅
祁　斌	牟朝纲	牟蕾频	杨　添	李　成
李刚强	李招凤	吴贻欣	邱伟强	张宗科
张富明	林伍雄	范永鹏	尚亚杰	尚保国
罗杏春	单铁兵	赵吉庆	段雪琼	俞　赟
施　璟	洪　亮	姚　亮	贺慧琼	秦　硕
徐春阳	唐　尧	陶新华	黄小燕	曹大秋
曹才轶	曹永恒	梁东伟	韩　龙	虞民毅
魏跃峰				

总 序

海洋之美，浩瀚、静谧、神秘。人类生存的地球表面71%覆盖着海洋，陆地被海洋包围着，仿若不沉之"舟"。

中华人民共和国，既是一个拥有960万平方千米陆地疆域的陆地大国，也是一个东部和南部大陆海岸线约1.8万千米、内海和边海的水域面积约470万平方千米、海域分布有大小岛屿7 600多个的海洋大国。提高海洋资源开发能力、发展海洋经济、保护海洋生态环境、坚持维护国家海洋权益、建设海洋强国，事关国家安全和长远发展，也对实现中华民族伟大复兴的中国梦具有十分重要的战略意义。

工欲善其事，必先利其器。经略海洋，装备当先。只有拥有强大的海洋装备作支撑，才能形成强大的海上力量，才能保障安全可靠的海上能源和贸易通道，才能拥有海洋权益的话语权。能犁开万顷碧波的舰船，正是建设海洋强国的"国之重器"。

经过几代中国舰船人的努力，我们取得了骄人的成绩。第一艘航母已交接入列，第二艘航母又下水海试；新型弹道导弹核潜艇受到世界各国的关注；"滨州"号护卫舰、"昆仑山"号船坞登陆舰等在亚丁湾为过往船舶保驾护航；"临沂"号护卫舰参与也门撤侨，彰显大国担当；"和平方舟"号医院船多次赴海外开展医疗服务和救灾援助；自主设计制造的20 000箱超大型集装箱船助力中欧航线的运输；"天鲲"号绞吸挖泥船向世界展示什么叫作历练终成金；"雪龙2"号科考船即将承载起极地探索的使命……

这一个个令人振奋的消息背后，是"国之重器"建设大军只争朝夕、锐意进取、拼搏奋斗、攻坚克难的身影。"功以才成，业由才广"，世上一切事物中人是最宝贵的，一切创新成果都是人做出来的。硬实力、软实力，归根到底要靠人才实力。科技发展史证明：谁拥有了一流创新人才、拥有了一流科学家，谁就能在科技创新中占据优势。

在中国建设海洋强国的道路上，"国之重器"建设大军的每一个岗位都必须后继有

人，有人传承，有人接班！

少年强则中国强。为增强青少年的海洋和国防意识，普及舰船和海洋工程科学知识，我们编撰了一部以青少年为主要对象、面向公众的科普读物"国之重器——舰船科普丛书"（简称"丛书"）。丛书以舰船为主线，全面展现新中国成立近70年以来，自主研制国之重器的艰难历程及取得的辉煌成就，使广大青少年从中汲取知识、增长才干、坚定信念、强化担当。

这套丛书共20分册，涵盖海洋防卫、海洋运输、海洋科考、海洋开发等方面，包括：海上霸主——航空母舰、深海巨鲨——潜艇、海上科学城——航天测量舰、探究海洋奥秘的科学考察船、造船工业皇冠上的明珠——液化气运输船、海上巨无霸——集装箱船、超大型油船、造岛神器——大型挖泥船、海上石油城——钻井平台等。

丛书由从事舰船和海洋工程科研、设计、建造的100余位专家、技术骨干和青年科技工作者执笔，并经30余位专家审阅，历时2年编写而成。

当代青少年和公众涉猎面广，超前意识和多维立体思维能力强，具有令人刮目相看的理解能力。丛书撰写者充分考虑到青少年和公众读者的阅读要求，量身定制、兼收并蓄，将舰船知识图谱化，采用重点讲解、型号示例等方法，使专业知识通俗易懂，增强了丛书的可读性。

博览众采，传承知识。丛书通过科学的体例设置，涵盖军用舰船、民用船舶和海工装备的相关知识，体系庞大而有序，知识通俗而有内涵，突出展现了丛书内容的鲜明特色，使广大青少年读者一书在手，舰船在胸。

—— 图谱化的舰船知识。丛书坚持知识性与趣味性相结合，以图文并茂的形式对一些典型舰船进行集中讲解，以便让读者掌握舰船的特点。

—— 通俗化的专业知识。丛书坚持专业性与通俗性的有机结合，用朴实的篇章构建舰船知识链，用易懂的语言精准描述舰船的工作原理、性能特点。

—— 人文化的历史知识。丛书追溯舰船诞生的起点，展望舰船发展的未来，彰显舰

船历史的人文特色，描绘出一幅幅人类设计建造舰船、塑造海洋文明的生动画卷。

拓展视野，启迪心智。丛书以舰船为载体，为广大青少年读者打开了世界舰船知识之门、中国舰船科技之窗，让读者驾驶生命之船，扬起思想风帆。

—— 认清大势，强化理念。丛书以舰船为媒，引导读者正确认识世界和中国。半个多世纪风雨兼程，中国船舶装备在变，舰船航迹在变，唯有"国之重器"建设者们"忠于党、忠于人民、忠于国家"的初心不改，信仰不变，继续弘扬突破自我、敢为人先的工匠精神，锲而不舍，发愤图强，国家利益所至，科技创新必达！

—— 明确主题，播种梦想。丛书以中国舰船制造励精图治、自力更生、发奋图强、勇创辉煌的历史红线，为每个青少年播种梦想、点燃梦想，让更多青少年敢于有梦、勇于追梦、勤于圆梦。

激扬青春，陶冶情操。理想指引人生方向，信念决定事业成败。丛书倾诉舰船昨天之历史故事，弹奏舰船今天之恢弘篇章，高歌舰船明日之瑰丽远景。

—— 弘扬爱国主义精神。丛书立足民族、面向世界，旨在激发广大读者的爱国情怀；以科学的视角，生动介绍了新中国成立以来我国舰船及海洋工程研制所取得的成就，讲述一代又一代科技人员怀着深厚的爱国情怀，为中国舰船事业发展所作的贡献。

—— 倡导奋进创新思想。丛书用世界舰船的历史史实启发读者认知：创新是民族进步的灵魂，是一个国家兴旺发达的不竭源泉。广大青少年读者应敢为人先，勇于解放思想、与时俱进，敢于上下求索、开拓进取，树立雄心壮志，努力超越前人。

—— 激励艰苦奋斗精神。丛书用中国舰船的历史史实引领读者感悟，我们的国家、我们的民族，从积贫积弱一步一步走到今天的繁荣富强，靠的就是一代又一代人的顽强拼搏，靠的就是中华民族自强不息的奋斗精神。

2016年5月30日，习近平总书记在全国科技创新大会、两院院士大会、中国科协第九次全国代表大会上的讲话指出：科技创新、科学普及是实现创新发展的两翼，要把科学普及放在与科技创新同等重要的位置。希望广大科技工作者以提高全民科学素质为己任，在

全社会推动形成讲科学、爱科学、学科学、用科学的良好氛围，使蕴藏在亿万人民中间的创新智慧充分释放、创新力量充分涌流。"国之重器——舰船科普丛书"正是习近平新时代中国特色社会主义思想的生动实践。

愿："国之重器——舰船科普丛书"构建一座智慧的熔炉，锻造中国青少年威武铁甲！

愿："国之重器——舰船科普丛书"筑起一个知识的平台，助力中国青少年纵横海疆！

愿："国之重器——舰船科普丛书"插上一双理想的翅膀，引领中国青少年翱翔海天！

曾恒一 潘镜芙

中国工程院院士

2018年8月

前言

纵览各国海军编队,我们都可以见到一种中小型水面战斗舰艇的身影——护卫舰。它与战列舰、巡洋舰、驱逐舰齐名,并且它是世界各国海军舰艇中数量最多、分布最广、作战最活跃的水面舰艇,它被誉为忠诚卫士。

最早,一些海洋国家用驱逐舰和改装的民船来执行港口、海军基地的警戒、护卫,但是驱逐舰吨位大、航速高,用来巡逻、警戒成本太大不经济,而改装的民船技术性能差,难以胜任护卫任务,这就产生了护卫舰。

护卫舰最早出现在16世纪英国海军舰队中,被用于挑战西班牙"无敌舰队"的霸主地位。经过20世纪初期的"日俄战争"、第一次世界大战、第二次世界大战的历练,护卫舰逐步发展成为具有近海防御、反潜、护航等多种性能的舰艇。20世纪六七十年代后,随着大口径舰炮、反舰导弹、防空导弹、反潜鱼雷、直升机的上舰,护卫舰逐渐发展为以舰炮、导弹、鱼雷、水雷、深水炸弹和直升机等为主要武器,担负编队护航、巡逻警戒、反潜、反舰和防空等使命任务的中小型水面战斗舰艇。

护卫舰作为国之重器,中国一直重视其研制和发展。人民海军的护卫舰从零起步,经历了从无到有、从小到大、从弱到强的发展过程,从购买到仿制的成都级护卫舰,到自行研制第一代护卫舰江南级,再到第二代护卫舰江湖级,以及如今的第三代护卫舰江凯级、江凯Ⅱ级、江岛级,护卫舰已成为人民海军数量最多、最为活跃、战功赫赫的舰种,并迈入世界先进护卫舰行列。在赴亚丁湾海区护航、非洲撤侨、与外国海军联合演习中,中国护卫舰威名远扬,在保卫国家领海和主权、维护世界和平中发挥了重要作用。

《护卫舰》是一本全面系统、形象直观、通俗易懂地介绍护卫舰知识的科普书籍。它以护卫舰发展数百年的历史和中国护卫舰发展历程为纵轴,梳理国内外护卫舰的过去、现在和未来;以护卫舰的总体性能、关键系统和武器装备为横轴,讲述护卫舰的特点、地位

与作用；以国内外明星护卫舰为重点，剖视当前典型护卫舰的特点与性能。希望本书能开阔读者的视野，拓宽护卫舰的知识面，启迪心智、树立志向，增强国防意识和海洋意识，促进青少年的健康成长。

本书所列的数据来源于英国《简氏年鉴》等国外知名军事媒体的公开数据。

编　者
2019年4月

舰船科普丛书

目 录

第1章
护卫舰的发展 / 1

护卫舰的定义 / 3

护卫舰的职责范围——使命任务 / 4

护卫舰的分类 / 7

护卫舰的前世今生 / 10

护卫舰与驱逐舰的区别 / 16

第2章
护卫舰的性能与系统 / 23

总体性能 / 24

船体结构与设备 / 31

动力系统 / 34

电力系统 / 36

通信与导航系统 / 37

辅助系统 / 38

小而猛的护卫舰作战系统 / 38

第3章
中国的忠诚卫士 / 51

新中国成立初期的艰苦创业 / 52

第一代护卫舰 / 57

第二代护卫舰 / 61

第三代护卫舰 / 80

第4章
走出国门——军贸出口的护卫舰 / 97

阿尔·扎菲尔级护卫舰和昭披耶级护卫舰 / 99

纳莱颂恩级导弹护卫舰 / 103

佐勒菲卡尔级护卫舰 / 107

C28A型护卫舰 / 112

P18N型巡逻舰 / 118

第5章
各有特色的国外护卫舰 / 121

美国护卫舰 / 122

俄罗斯护卫舰 / 128

英国护卫舰 / 137

德国护卫舰 / 144

西班牙护卫舰 / 150

法国护卫舰 / 155

印度护卫舰 / 159

第6章
近海护卫神兵 / 165

海南级猎潜艇 / 166

红箭级导弹护卫艇 / 169

红稗级导弹艇 / 172

维斯比级轻型护卫舰 / 176

第7章
未来的护卫舰 / 183

舍我其谁的多用途全能战舰 / 184

科幻十足的新船型 / 188

新颖的动力推进系统与装置 / 191

配备先进武器系统 / 193

未来海战模式的改变者——智能化与无人化 / 196

参考文献 / 199

后记 / 203

第 *1* 章
护卫舰的发展

护卫舰也许不像航空母舰(简称航母)、巡洋舰、驱逐舰那样在历次海战中有着显赫的战绩,但每次海战和物资输送任务的成功,都有护卫舰的参与,被赞为"忠诚卫士""海上守护神"。

> 图1 亚丁湾护航的人民海军护卫舰

第1章 护卫舰的发展

护卫舰的定义

护卫舰原来是指拥有两层甲板，装有多门小型舰炮，排水量在500～1 000吨左右，并且具有远海航行能力的轻型军舰。但随着用途的变化和作战武器的进步，护卫舰的定义也在不断变化。到目前为止，世界各国对护卫舰没有严格一致的定义，即使著名舰船装备的出版刊物也不例外。

一个典型的例子就是20世纪90年代，英国、法国、意大利三国联合研制一型满

> 图2　中国江凯Ⅱ级护卫舰——"黄山"号

载排水量为 6 100 吨的地平线级舰艇，法国和意大利把它列为驱逐舰，而英国则把它归类于护卫舰。

荷兰的特罗姆普级舰艇一直被认为是典型的驱逐舰，但是到了 20 世纪末，荷兰海军却把它划归为护卫舰。

从目前世界上大多数国家的情况来看，护卫舰是以舰炮、导弹、反潜武器为主要装备，担负航母战斗群、驱护战斗群、商船船队等舰船编队护航、反舰、反潜、防空、巡逻警戒以及支援与抗登陆作战等使命任务的中小型水面战斗舰艇。

> 图3　典型护卫舰——新加坡可畏级护卫舰

护卫舰的职责范围
使命任务

护卫舰在各国海军中的地位和使命任务，因各国的地缘位置、经济实力和海军战略的不同而有所差异。在现代海军的战斗序列中，护卫舰主要担负反潜、防空、护航、侦察、警戒巡逻、布雷、支援登陆等作战任务。

第1章 护卫舰的发展

港湾守护神

在早期，港湾巡逻、警戒，防止敌人偷袭与破坏是由经改装的民用船舶或驱逐舰来承担的。但是，由于使用驱逐舰担当此任显得有些大材小用，而改装后的民用船舶则战斗力匮乏，难以担当此大任，所以这项作战任务就交给了护卫舰，这也是护卫舰最早担负的作战任务。

反潜护航

第一次世界大战（简称"一战"）和第二次世界大战（简称"二战"）中，德国的潜艇对海上舰队和船队实施了毫无限制的偷袭和攻击行动，使协约国蒙受了很大的损失。这时，护卫舰便承担起了反潜护航的任务，护卫舰也因此得到了迅速

> 图4　港湾巡逻时的中国江岛级护卫舰

> 图5 二战中著名的英国江河级护卫舰

发展。

编队多面手

随着海军装备技术的迅速发展，护卫舰的功能也在扩大，它们不仅是保护海上交通线的重要力量，而且逐渐成为主要的水面作战力量。如今，护卫舰在航母特混舰队、两栖作战编队或运输船队中承担防空、对海和反潜等多种战斗任务。

> 图6 印度"萨特普拉"号护卫舰与美国"卡尔文森"号航母战斗群

第1章 护卫舰的发展

近海防御的中坚力量

多数中小国家的海军则在近海海域或局部海区作战，因此，从对军舰的需求或经济实力出发，其重点是发展轻型护卫舰，辅之大量500吨以下的导弹快艇，构建起近海防御网。

> 图7 南非英勇级护卫舰

护卫舰的分类

 按排水量划分

根据护卫舰的排水量，一般把排水量在600～1 800吨的护卫舰称为近海护卫舰或轻型护卫舰，此类护卫舰多在近海海域执行巡逻、警戒、反潜等作战任务。排水量大于1 800吨的护卫舰叫做远洋护卫舰，此类护卫舰主要用于在海洋交通线上执行防空、反舰和反潜作战任务，或作为航母或驱逐舰编队的舰艇遂行作战任务。

 按使命任务划分

护卫舰还可以按其使命任务分为反潜、对海、防空和多用途护卫舰。

反潜护卫舰：以反潜作战为主要使命任务的护卫舰，具有较强的对潜艇搜索

小 贴 士

排 水 量

排水量是衡量船舶尺度大小的一个重要指数，指舰船在静水中自由漂浮时，在保持平衡状态下排开水的重量。排水量可分为标准排水量、正常排水量、满载排水量和超载排水量等。

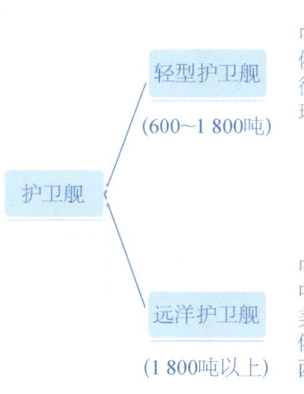

> 图8 按排水量划分的护卫舰谱系图

> 图9 中国江岛级轻型护卫舰

和攻击能力,主要执行反潜巡逻、护航任务,或与远海编队协同作战。

对海护卫舰:以攻击水面舰艇为主要使命任务的护卫舰,主要执行基地、近海巡逻警戒和运输船队护航任务。

防空护卫舰:以对空防御为主要使命任务的护卫舰。

多用途护卫舰:是20世纪70年代后出现的新舰种,具有反舰、反潜和防空等多用途的护卫舰。该类护卫舰具有功能较多、造价相对低廉、适合大批量建造等特点。

> 图10 反潜护卫舰——印度卡莫尔塔级护卫舰

> 图11 对海护卫舰——中国江湖Ⅰ级护卫舰

> 图12 防空护卫舰——丹麦伊万·休特菲尔德级护卫舰

> 图13 多用途护卫舰——意大利"卡洛·贝尔加米尼"号护卫舰

护卫舰的前世今生

 一战前——基于近海防御

护卫舰最早出现在16世纪,是一种排水量约240～400吨的三桅武装帆船。第一次工业革命后,西方各国研制了一批用于巡逻、警戒和保护商船的中小型舰船,用于保护其殖民地的海事安全。早期的护卫舰多承担护航、防卫的任务,同时也担负对敌国的威慑任务。

直到20世纪初,专门用于基地和舰队护卫、护航的护卫舰才出现。日俄战争期间,俄罗斯建造了世界上第一批用于基地巡逻警戒的护卫舰,以抵御日本海军的突袭。此类护卫舰排水量在500吨左右，性能普遍较差，无法抵御巨大的风浪，在基地防御任务中没有达到预期的效果。

一战时期——专属护航反潜

一战时，由于德国潜艇"肆虐"，对英国、法国等交战国的舰艇和商船的威胁极大。为此，英国、法国等研制了大量用

> 图16　日俄战争期间的旅顺军港

于船队反潜和护航的护卫舰，以保障海上交通线的安全。这些护卫舰与日俄战争中早期的护卫舰相比，在排水量、航速、续航力以及火力等方面都有了很大的改进。当时最大的护卫舰排水量约1 400吨，最大航速18节，具有一定执行远洋反潜护航作战的能力。这个时期的护卫舰主要装备了中小口径的舰炮、鱼雷、深水炸弹等武器，在海军战斗序列中明确了自己的使命任务。

> 图14　护卫舰的雏形

> 图15　美国"宪法"号帆船护卫舰

小贴士

日俄战争

日俄战争是指1904—1905年，日本和沙皇俄国在中国东北土地上进行的一场为抢夺中国东北和朝鲜半岛控制权的帝国主义战争，以沙皇俄国失败、日本胜利而告终。该场战争给中国人民造成了巨大损失，是中国近代史上的耻辱。

> 图17　一战时的舰艇编队

大、能担负起更多使命任务的护卫舰。为保护英国的海上生命线，美国、英国达成著名的《驱逐舰换基地》协议，美国向英国提供50艘旧驱逐舰用于应急护航，同时开始建造新的护航驱逐舰，这标志着现代护卫舰的诞生。此后，护卫舰大显身手，取得了不少战绩，得到了广泛的应用和发展。

 二战时期——现代护卫舰的雏形

二战期间，德国潜艇采用"狼群战术"，对同盟国的舰队和运输船队造成了严重的威胁，这促使同盟国需要排水量更

二战中，世界各国建造了2 000余艘护卫舰，其中著名的护卫舰有英国的黑天鹅级，美国的安德列斯级、坎菲尔德级和拉德罗级。这些护卫舰的标准排水量约1 500吨，主要装备76～127毫米舰炮、25～40毫米机关炮和深水炸弹，可以执

> 图18　英国黑天鹅级轻型护卫舰

第1章 护卫舰的发展

> 图19 美国坎菲尔德级护航护卫舰

> 图20 美国"拉贾·胡马邦"号护卫舰

小 贴 士

续 航 力

续航力是指舰船按满载排水量状态一次装足燃料、机械用水、淡水、滑油及供应品,在正常海况下以巡航速度航行所能达到的最大理论航程。

> 图21　美国迪利级护卫舰

行防空、反潜、护航等任务。

　　战争后期建造的护卫舰采用蒸汽轮机或柴油机作为动力装置，航速20～24节，除装有76毫米以上舰炮、40毫米以下的机关炮和深水炸弹投掷器或发射装置以外，还装有鱼雷发射装置、雷达、声呐等，已接近驱逐舰的性能。

二战后——护卫舰的今生

　　二战结束后，北约各国达成一致，将排水量3 000吨以下的护卫舰和护航驱逐舰统一称为护卫舰。英国将国内的各种轻型护卫舰、反潜护卫舰进行整合，将二战时期建造的护航驱逐舰一并划为护卫舰，并提出了新的护卫舰编号，统一使用英文字母"F"打头，于是我们现在看到英国或北约护卫舰舷号为F加上编号。

　　20世纪60年代起，护卫舰开始承担更多舰队护航与攻击任务，进而衍生出专用的防空护卫舰。该类型的护卫舰可搭载体积巨大的对空搜索雷达和反舰导弹，并开始使用燃气轮机动力系统。

　　20世纪70年代后，护卫舰又有新的发展，装备了导弹和直升机，排水量也不断增加。这一时期还出现了多用途护卫舰，多用途护卫舰具备全方位的对空、对海和反潜能力，一定程度上减少了海军对驱逐舰的需求。

　　20世纪80年代，护卫舰在舰体设计上应用了大量降低雷达波、红外线、噪声、磁等特征的措施，更好地提高了隐身性；装备了垂直发射的新型舰空导弹，具有多目标及全方位对空防御能力。

> 图22 俄罗斯克里瓦克级护卫舰

新的战场环境对于护卫舰性能与信息化程度提出更高要求。20世纪90年代中后期，世界范围内出现建造新型护卫舰的趋势。21世纪初，西班牙阿尔瓦罗·巴赞级护卫舰作为新一代护卫舰的首个代表建造完成，荷兰的七省级、德国萨克森级等护卫舰也陆续建成。目前在役的护卫舰与一战、二战的轻型护卫舰、护航驱逐舰相比，在排水量、武器装备、舰载电子设备等方面有了质的飞跃，综合作战能力甚至能够达到驱逐舰级别。

对于一些国家而言，大型导弹护卫舰可以作为轻型航母编队的主力护航舰，前线部署时能够担任指挥舰的角色，特别是搭载小型相控阵雷达的导弹护卫舰能够很好地执行防空、反舰、反潜甚至对地攻击任务。大型导弹护卫舰俨然成了现代海战的多面手。

除了大型护卫舰以外，目前1 000～2 000吨级轻型护卫舰也备受关注。相比大型护卫舰，轻型护卫舰更适合承担一些近海攻防作战任务，并能达到更好的作战效果。因此，轻型护卫舰也成为现在及未来护卫舰的另一重要发展方向。

"拉贾·胡马邦"号护卫舰

"拉贾·胡马邦"号护卫舰至今已服役76年了，于1943年交付部队服役。该舰经历了多次退役，现服役于菲律宾海军。

> 图23 荷兰普罗文森级护卫舰

护卫舰与驱逐舰的区别

目前世界上有三种类型的海军：全球性海军、区域性海军和近海防御海军。美国是拥有11艘核动力航母和近300艘战舰的大国。俄罗斯在渡过了苏联解体的艰难历程之后，其海军力量正在复苏中，仍然是一个具有全球型特点的海军强国。区域性海军在组成上与全球性海军有相似之处，只是在规模和数量上要小得

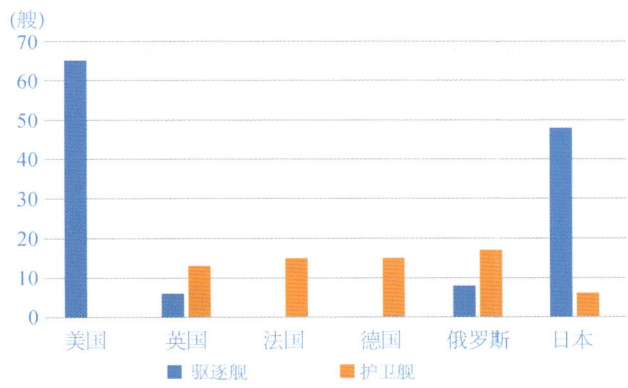

> 图24　国外主要海军强国的驱逐舰与护卫舰数量统计（2018年）

多。英国、法国、意大利等国的海军则属于区域性海军的典型。近海防御海军的特点是主要执行近海作战，一般以中小型舰艇为主，护卫舰是其主要的作战兵力。

随着技术的发展，当前护卫舰和驱逐舰已很难区分，两者间本质的界限也越来越模糊。所以不管是全球性海军、区域性海军都面临着一个艰难的抉择，是选择护卫舰，还是选择驱逐舰？

驱逐舰是装备有舰炮、鱼雷、导弹等多种武器，具有对海、反潜、防空等多种作战能力的大中型水面战斗舰艇，能担负起进攻突击、编队防空与反潜、火力支援、海上封锁和海上救援等多项使命任务，有着海上作战多面手之称。现代驱逐舰在强调多用途能力的同时，也十分注重某一方面能力特长，因此驱逐舰有防空驱逐舰和反潜驱逐舰之分。

防空驱逐舰排水量一般在7 000吨以上，装备有舰炮、近程防御系统、远程防空导弹、鱼雷等武器，是以舰队防空作战为主要使命的攻击型水面战舰，其中以中国旅洋Ⅱ级驱逐舰、美国驱逐舰和欧洲地平线级驱逐舰为主要代表。

反潜驱逐舰排水量在3 000～6 000吨，以反潜和反舰为主要作战任务，装备有舰炮、反潜声呐、反潜鱼雷、对舰导弹等，具有防空、反潜、反舰等方面的作战能力，因此也被称作多用途驱逐舰。中国旅洋Ⅰ级驱逐舰、美国斯普鲁恩斯级驱逐

点防空和区域防空

点防空是指以近程防空武器为主，进行小范围内的防空，只保护自己免遭敌方攻击。与之相对应的区域防空则是以远程防空武器为主，进行中、大范围内的防空，在保护自身安全的同时，也担负起保护其他友方的安全。

> 图25　中国旅洋Ⅱ级驱逐舰

> 图26　俄罗斯无畏级驱逐舰

> 图27 中国江凯Ⅱ级护卫舰

舰和俄罗斯无畏级驱逐舰为反潜驱逐舰中的主要代表。

虽然绝大多数护卫舰同时具有防空和反潜能力,但相比于驱逐舰,护卫舰的防空和反潜能力不那么突出,只能担负起小范围的点防空和反潜任务,清除突破驱逐舰防御的敌人。根据惯例,现代护卫舰更侧重于反潜任务,而防空只是其第二职业。

防空驱逐舰一般都装备有远程防空导弹、相控阵雷达和防空指挥控制系统,可同时跟踪多数量、多批次的目标,并对其中若干个目标同时发动拦截。出于经济性考虑,防空型护卫舰一般装备近程防空导弹和低廉的火控系统,只能对1～2个目标进行拦截。反潜型驱逐舰和反潜型护卫舰的区别也是如此。

总之,对于拥有强大经济实力的大国海军,可同时装备驱逐舰和护卫舰,以高低搭配的方式进行作战,若用通俗的比喻来说,两者的关系就好比带刀护卫与贴身保镖。驱逐舰是舰队的主力,承担主要的防空和反潜任务,护卫舰则作为驱逐舰的补充,承担次要作战任务。对于小国海军来说,既没有雄厚的经济实力,也没有强烈的战略需求,驱逐舰显然不是其最佳选择,护卫舰的性价比优势更加突出,因此小国海军对护卫舰赋予了更多的职责,使护卫舰成为典型的多面手。

护卫舰

> 图28 中国江岛级护卫舰

第1章 护卫舰的发展

第 2 章
护卫舰的性能与系统

看起来，护卫舰的外形特征和巡洋舰、驱逐舰十分相似，都有着修长的舰体、前倾的舰艏，简洁的上层建筑等，但是作为遂行编队护航、巡逻警戒、反潜、反舰和防空等使命任务的护卫舰，又有着自己独特的内部构造和特点。

总体性能

历次海战中，敌方舰船都以攻击舰艇编队、辅助船队、商船船队为重点攻击目标。为应对挑战，护卫舰时常要抢占先机取得主动权，迫使敌人处在被动挨打的阵位，因此护卫舰多为长宽比较大、前倾舰艏和平甲板方艉的舰型。舯段V形的尖瘦剖面，舯段和艉段多为U形丰满剖面，这类船型具有快速、灵活、适航性好等特点。

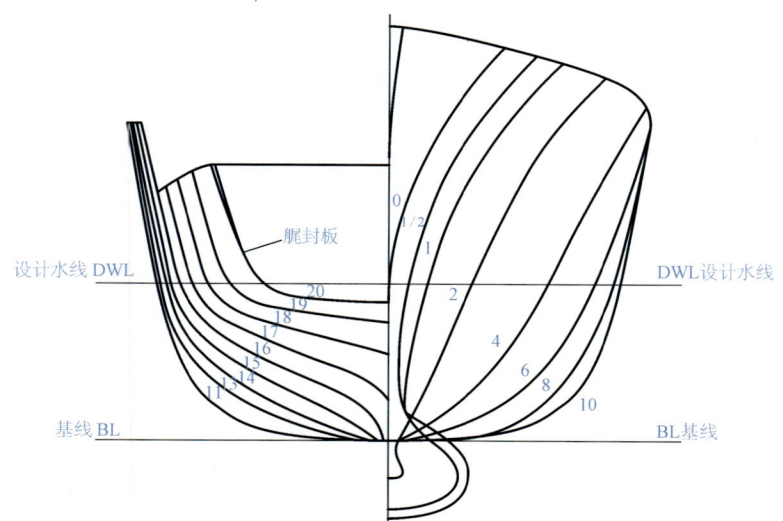

> 图29 典型护卫舰的型线剖面

第 2 章　护卫舰的性能与系统

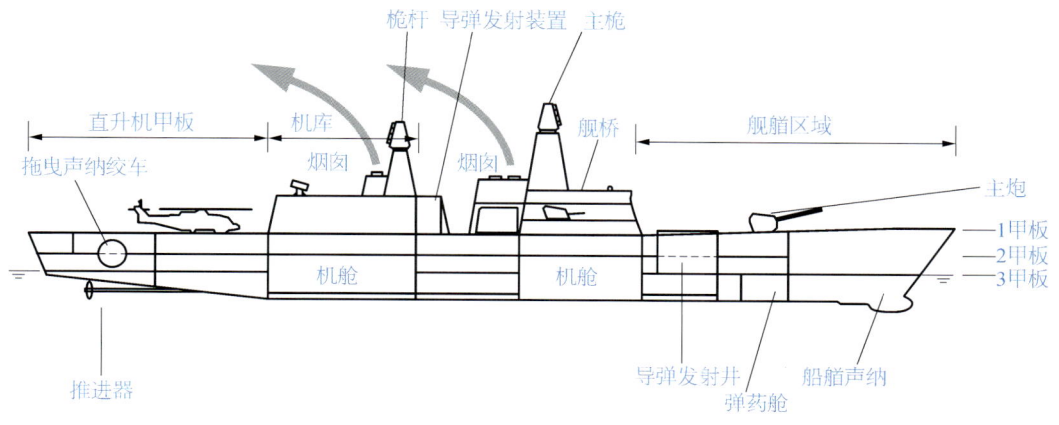

> 图30　护卫舰典型布置图

 总布置

一般护卫舰采用三段式船楼结构的总布置方式，即舰艏区域、舰舯和舰艉区域。从艏到艉依次布置有舰炮、对空导弹垂直发射装置、舰桥、对海导弹发射装置、机库、直升机甲板。

 排水量

现代护卫舰的满载排水量在600～6 000吨，个别大型护卫舰的满载排水量超过7 000吨，如德国的F125型巴登·符腾堡级护卫舰。如今护卫舰和驱逐舰的排水量界限越来越模糊，排水量难以把护卫舰与

> 图31　排水量超7 000吨的德国F125型巴登·符腾堡级护卫舰

驱逐舰划分清楚。

快速性

护卫舰的特点是轻便快捷,最大航速在26～32节,多数护卫舰在30节以下。

耐波性

护卫舰时常要面对风浪护送舰队或船队出海远航,在设计建造护卫舰时都采取了一些能提高耐波性的措施,使它具备了劈波斩浪的本领。

续航力

护卫舰的续航力一般为2 000～8 000海里。

> 图32　高速航行中的护卫舰

> 图33 风浪中前行的护卫舰

> 图34 护卫舰航行中的甲板上浪

小贴士

改善耐波性的措施

选择如古代战船中的中国"福船"和现代舰艇中的"深V"船型等耐波性较好的船型；增装舭龙骨、减摇鳍等减摇装置。

护卫舰

> 图35 中国古代"福船"模型

> 图36 主动式可收缩(折叠)减摇鳍

隐身性

虽然战争的目的是消灭敌人,但首先是要保护自身安全。特别是随着反舰导弹技术的发展,现代护卫舰十分注重自身的隐身性能,并努力提高在雷达、红外线、噪声、磁等方面的隐身能力。

雷达隐身

自法国拉法耶特级护卫舰和瑞典维斯比级巡逻舰以来,各国新服役的舰体都采用全封闭的设计、简洁的舰面布置形式和内倾的上层建筑形式,以减少雷达波的反射。

红外线隐身

通过在护卫舰的舰体关键部位使用降红外线涂层、在烟囱部位安装红外线抑制装置、采用舷外排气系统、甲板面安装降温喷淋装置等措施,降低舰艇的红外线信号特征。

声隐身

为降低被敌方潜艇和鱼雷攻击的概率,现代护卫舰使用减振浮筏、减振基座、阻尼材料以及气幕降噪等措施,在降低机械噪声的同时,提高舰员工作环境的舒适度。

磁隐身

为应对水雷的威胁,现代护卫舰除在舰上配有自消磁的绕阻系统外,在一定期间内需进行消磁作业,以降低舰艇的磁场强度。

> 图37 采用隐身设计的维斯比级护卫舰

护卫舰

> 图38 采用舷侧排气的德国不伦瑞克级护卫舰

> 图39 减振降噪浮筏装置机座

> 图40 正在进行外消磁作业的护卫舰

船体结构与设备

船体结构

护卫舰多采用纵骨架式的船体结构形式，并选用强度高的优质碳素钢为船体结构的材料；为减轻重量，上层建筑时常选用铝合金或性能较低的碳素钢。但出于防火的需求，新近服役的护卫舰不再使用铝合金作为上层建筑的主要材料。图41为某型护卫舰底部结构分段，可明显辨别出纵骨架式的结构形式。

船舶设备

锚泊设备是舰艇起锚、抛锚和码头系泊时所用的设备和机械的总称，主要用于将舰艇系留于预定水域或码头、浮筒或其他舰艇的设备。

锚泊设备，供舰艇抛锚、起锚和锚泊使用，主要包括锚、锚机和附属设备等。

系泊设备，供舰艇系结于码头、浮筒和其他舰艇使用，主要包括系缆、系缆具和系缆桩等。

拖带设备，供舰艇失去动力时，或救援海损舰艇时用于拖带作业，主要包括拖缆、拖钩和拖缆机械等。

> 图41 某型护卫舰底部分段结构

第2章 护卫舰的性能与系统

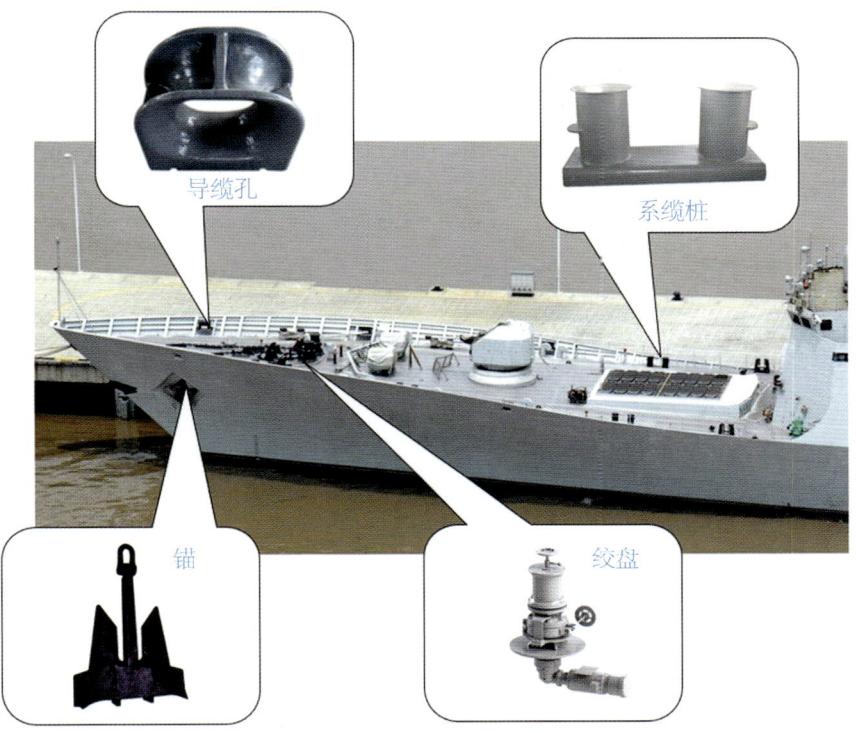

> 图42　护卫舰的锚泊与系泊设备

> 图43　护卫舰的交通艇吊放装置

小贴士

锚　泊

锚泊是舰艇在海上、港外或锚地的一种不靠岸的停泊方式。通过锚爪抓住海底泥土产生抓力，把舰艇牢牢系在一个水域。有时，锚泊设备也可辅助舰艇进行调头、离开码头、搁浅船脱险等作业。

舵为航行设备上用于改变或保持航行方向的一种装置，护卫舰和其他舰种一样，也采用舵来保持与改变航向。

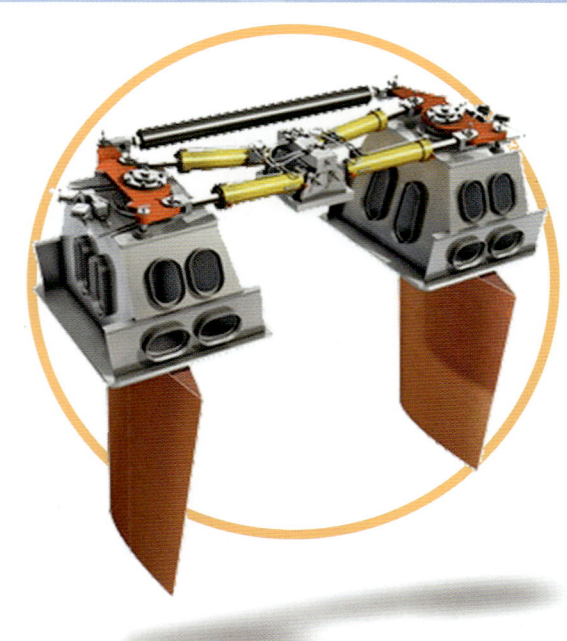

> 图44 舵及操舵装置

动力系统

护卫舰的动力系统与驱逐舰的动力系统类似，只是规模和总功率要小于驱逐舰。

动力方式

目前，护卫舰有多种形式的动力装置。常用的联合动力方式有：柴-柴联合动力方式、燃-燃联合方式、柴-燃交替动力方式、柴-燃联合动力方式、柴油机-电力+燃气轮机联合推进方式等。主机与减速齿轮箱等动力装置设备通常布置在护卫舰舯部的机舱区域。

推进装置

护卫舰同驱逐舰一样主要采用螺旋桨推进，近年来也有一些护卫舰采用喷水推进器作为推进装置。

护卫舰出于交通、巡逻和自身救助

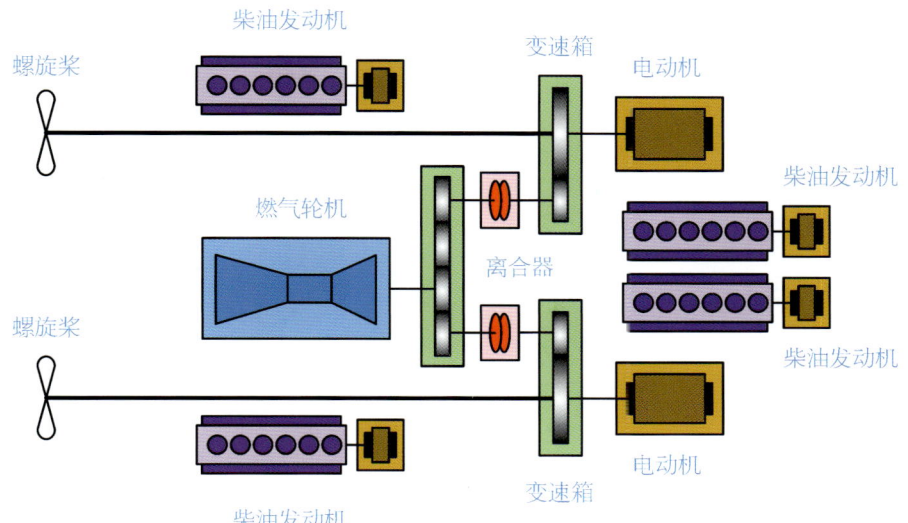

> 图45 护卫舰采用的柴电与燃气轮机联合动力形式

的考虑，通常会在两舷各搭载一艘交通艇。早年间，这些交通艇直接布置在露天甲板外面；近年来，为提高护卫舰的隐身性和美观，交通艇基本都内置于上层建筑内，使用时，通过吊放装置将艇伸出舷外进行作业。

> 图46 某型护卫舰的机舱

> 图47 舰艇的5叶螺旋桨

> 图48 护卫舰舰艉的喷水推进装置

喷水推进装置是一种用喷射水流产生的反作用力驱动船舶前行的推进装置。其一般是由进水管道、推进泵、喷口、方向舵与导航、控制和监测系统几大部分组成。

> 图49 某型喷水推进器

电力系统

护卫舰和驱逐舰、航母等其他舰船一样，有一个由发电机部分、配电部分、输电部分和用电部分组成的电力系统。发电部分包括发电机组和蓄电池；配电部分包括配电板、应急配电板、分电箱等；输电部分即电网，主要包括动力电网、照明电网、应急电网、低压电网、弱电电网等；用电部分主要包括电力拖动设备、照明设备、通信和导航设备等。

第2章 护卫舰的性能与系统

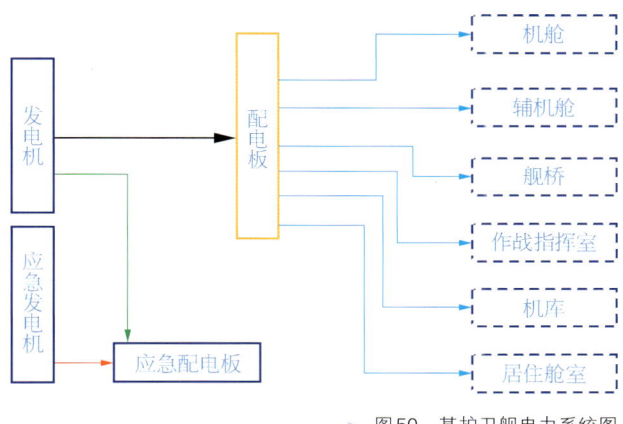

> 图50 某护卫舰电力系统图

通信与导航系统

通信与导航系统主要负责护卫舰内外部的通信、导航与定位，包含通信设备和导航设备两部分。通信设备主要有信号灯、中频/高频/甚高频无线电通信设备、卫星通信设备等，它们的外部天线多位于舰船的桅杆上面。导航设备主要有罗经、导航雷达、计程仪、卫星导航设备等。

> 图51 舰用某型导航雷达

小贴士

螺 旋 桨

螺旋桨是一种依靠桨叶在流体中旋转，将转动功率转化为推力的装置。现在护卫舰多采用5叶螺旋桨。

辅助系统

舰船航行于大洋之上,犹如一座行走的城市,舰船上配置了空调系统、日用水系统、消防系统、救生系统等,它们都归属舰船的辅助系统。

> 图52 德国不来梅级护卫舰上的救生筏

小而猛的护卫舰作战系统

如今,护卫舰的用途越来越广,护卫舰的火力配置也应有尽有,普遍具备多个层次的打击能力。现代护卫舰多装有反潜导弹、舰舰导弹、舰空导弹、反潜

第2章 护卫舰的性能与系统　39

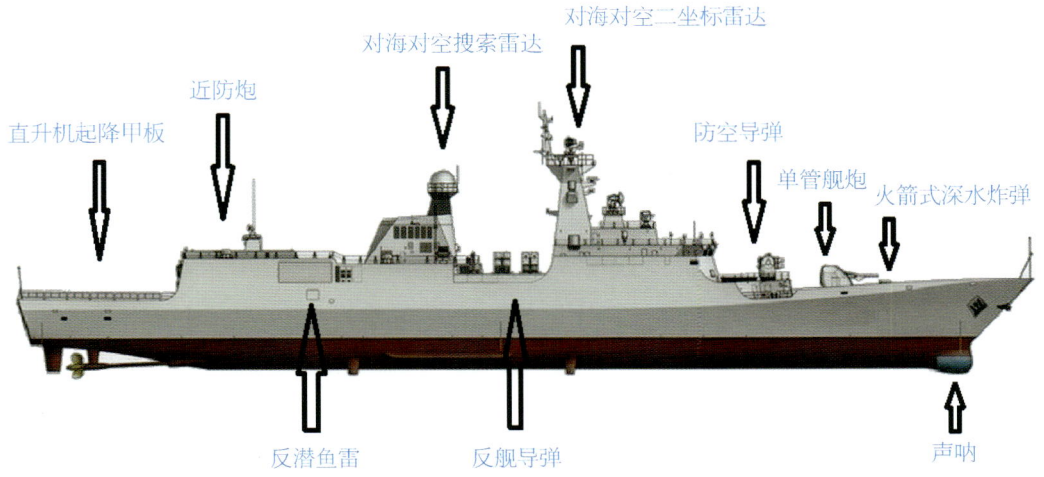

> 图53　典型现代护卫舰的作战武器装备甲板布置图

鱼雷、火箭式深水炸弹、中小口径舰炮和反潜直升机等武器系统以及声呐、雷达、指挥控制自动化系统、电子对抗系统、卫星与数据链通信系统和综合导航系统等电子设备。

传统武器——舰炮、鱼雷和鱼雷发射装置

舰炮

一直以来，舰炮是水面战斗舰的主要攻击武器。对于护卫舰来说，舰炮也是不可缺少的武器。现代护卫舰多配备中小口径的舰炮，与火控系统一并组成舰炮系统，用于对空防御、对水面舰艇作战、拦截掠海导弹和对岸火力支援等任务。

鱼雷和鱼雷发射装置

鱼雷也是护卫舰的传统攻击与防御武

> 图54　单管76毫米隐身舰炮

> 图55 博福斯57毫米舰炮

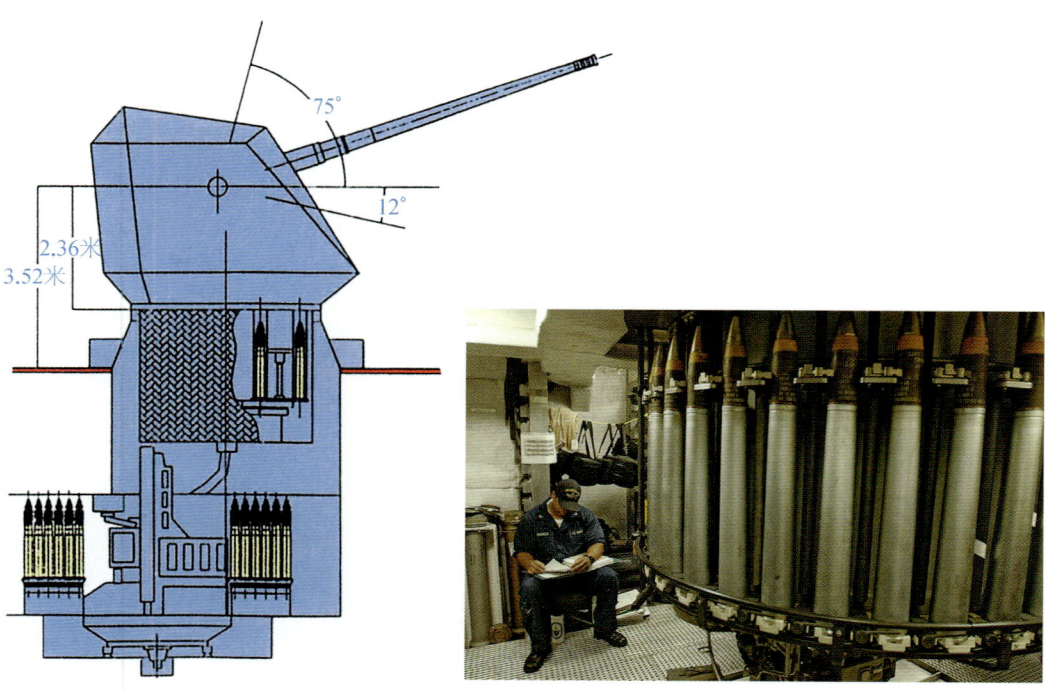

> 图56 舰炮构造示意图与供弹机构

> 图57 鱼雷发射装置

器，可由舰艇或飞机发射，用于攻击敌军水面战舰和潜艇。护卫舰通常在舰体两舷布置鱼雷发射装置或由舰载直升机发射鱼雷。

鱼雷诞生于19世纪初，于1887年1月在俄罗斯与土耳其战争中一战成名。现行

> 图58 法国和意大利联合研制的MU90轻型鱼雷

的鱼雷主要有大、中、小三种口径，以直径533毫米和直径324毫米的鱼雷最为常用。现代鱼雷被称为水中导弹或水中煞星，具有航速快、隐蔽性好、航程远等优点。

 抵御空中的威胁——舰空导弹与垂直发射装置

舰空导弹为现代水面舰艇的主要武器之一，可有效地攻击飞机、直升机等空中目标，少数舰空导弹可拦截战术导弹。不同于驱逐舰，护卫舰多配备中程、近程舰空导弹，并与探测跟踪设备、指挥控制设备、发射装置组成舰空导弹武器系统。

当前，垂直发射舰空导弹已成为主流，新近服役的护卫舰大多安装了舰空导弹垂直发射装置。垂直发射装置具有发射率高、载弹量大、模块化、通用化、可全方位发射等优点。垂直发射分热发射和冷发射两种方式，护卫舰因其排水量受限，多采用热发射方式。

> 图59 发射舰空导弹的护卫舰（一）

> 图60 发射舰空导弹的护卫舰（二）

开启状态　　　　　　　　　　　　　正在进行导弹装填作业

> 图61　美国MK42型垂直导弹发射装置

 **攻击水面目标——反舰导弹**

　　反舰导弹也是现代水面舰艇的主要武器之一，可攻击水面舰艇、海上设施、沿岸、岛礁目标。与舰炮相比，反舰导弹射程可达40～50千米，甚至超过数百千米，具有射程远、命中率高、威力大等优点，但是其连续作战能力较差。不同于舰空导弹，反舰导弹因其尺寸较大，护卫舰上的反舰导弹多采用倾斜的布置与发射方式。

 **清除来自水下的威胁——反潜武器**

　　目前，在护卫舰的反潜武器中，舰载反潜直升机实施远程反潜，火箭助飞鱼雷是中程反潜武器，而管装鱼雷和深水炸弹

> 图62　中国新型护卫舰发射某型反舰导弹

> 图63　舰壳声呐示意图

是近程反潜武器。舰上的声呐、反潜指挥所、鱼雷发射装置及深水炸弹发射炮等组成了近程舰载反潜系统；空投鱼雷与直升机上的吊放声呐和其他探测设备、火控设备等组成了机载反潜系统。

护卫舰装备的声呐主要有两种：一种是类似STN-阿特拉斯DSQS-24C型低频舰艏声呐的舰壳主动声呐；一种是舰艉布置的被动拖曳声呐，工作时投放到海中，探测敌方的潜艇和水面舰船。

反潜火箭式深水炸弹是一种由战斗部和固体火箭发动机组成的，可在短时间内对水下潜艇进行地毯式攻击的武器。

深水炸弹是一种传统的、有效的、价格低廉的反潜武器，有着二战中击毁大量潜艇的卓越战绩，又被称为深弹。

> 图64　深水炸弹

可执行多种任务——舰载直升机

随着海战向立体化、层次化的发展，舰载直升机已是护卫舰重要的配置之一，被赋予了侦察预警、反潜、反舰、电子对抗、布雷与扫雷、救护、补给等多种任务。目前世界上的舰载直升机有"直-9C"舰载直升机、"SH-60海鹰"舰载直升机、"超山猫"直升机、"卡-27"舰载反潜直升机等。

> 图65　6管反潜火箭式深水炸弹发射装置

第2章 护卫舰的性能与系统

> 图66 美国海军升级"SH-60海鹰"舰载直升机

最后的防线——近程防御系统

近程防御系统是现代护卫舰的最后一道防线,主要用于拦截敌方来袭的导弹、飞机等。目前世界著名的近防炮有美国的MK15"火神"密集阵系统、俄罗斯"卡什坦"弹炮合一近程防御系统、俄罗斯AK-630M近防炮、中国730型近防炮和意大利"海天顶"近防炮等。

> 图67 俄罗斯"卡-27"舰载反潜直升机

> 图68 中国某型舰载直升机

> 图69 MK15"火神"密集阵系统

> 图70 俄罗斯"卡什坦"弹炮合一近程防御系统

> 图71 中国30毫米近防炮

第3章
中国的忠诚卫士

新中国成立初期的艰苦创业

人民海军护卫舰的发展从零起步，经历了收编、修复、购买、转让、仿制和自行研制等漫长而曲折的过程。

人民海军于1949年4月23日在江苏泰县（今属泰州）白马庙成立。此时人民海军的主要装备大多是接收国民党海军一些美国、英国、日本等在20世纪二三十年代建造的舰艇。

老旧护卫舰——"长江"号舰

人民海军创建之初从国民党海军接收起义的一部分吨位小、型号杂、舰龄老、设备旧、航速低的舰艇。其中最为著名的要数"长江"号护卫舰，该舰退役后被陈列于海军上海博物馆。

1953年2月24日，毛泽东主席在乘坐并检阅"长江"号护卫舰后，题词"为了反对帝国主义的侵略，我们一定要建立强大海军"。

有"小巡洋舰"的美誉

"长江"号护卫舰的排水量虽然不大，仅有464吨，但舰型比较漂亮，舰面布

> 图72　20世纪50年代人民海军第6舰队

> 图73 航行中的"长江"号护卫舰

> 图74 "长江"号护卫舰的舰艉

置类似巡洋舰，有"小巡洋舰"的美誉。该舰配备了2台蒸汽机，最大航速可达17节。

作战武器全是舰炮

"长江"号护卫舰作为一型炮舰，主要配备了1门120毫米舰炮、1门88毫米的高射炮、1门57毫米速射炮、2门20毫米机关炮。

引进图纸和设备建造的护卫舰——成都级护卫舰

20世纪50年代，中国引进苏联里加级护卫舰的图纸和舰上主要设备，建造了4艘护卫舰，称为成都级护卫舰，其标准排水量1 300吨，主要配备3门100毫米炮，是中国第一代国产护卫舰。70年代初，成都级护卫舰改装了反舰导弹发射装置，作为人民海军的主战舰艇，在各种任务中发挥了重要作用。

通过成都级护卫舰的建造，为中国培养了一大批设计和建造人才，在后来的护卫舰、驱逐舰的研制过程中发挥了重要作用。

成都级护卫舰一是满足了当时国家紧迫的需要，二是满足了外交、军事斗争的需要。该舰创造了多个第一。如第一次建立了船用交流电制，研制了船用交流电机；第一次采用民船低速柴油机作为军舰主动力；第一次在舰上配装空调系统；第一次采用901钢新型的舰用合金钢。自力更生，实事求是，军民结合的方针在这艘舰上得到了全面体现。

> 图75 成都级护卫舰

> 图76 改装后的成都级护卫舰——"昆明"号导弹护卫舰

优良的船舶性能

成都级护卫舰属于通长甲板船型。相比于其他老旧护卫舰，成都级护卫舰拥有很出色的航速、续航力和自持力。该级护卫舰为双机双轴双桨的动力形式，最大航速可达28节，续航力约2 000海里/14节，自持力约10昼夜，在当时是相当优良的船舶性能。

对海、对空、反潜配置齐全

作为人民海军的第一型武器配置齐全的水面舰艇，成都级护卫舰拥有对海、防空、反潜等作战能力。

成都级护卫舰使用的武备包括：单管100毫米舰炮3座，双联37毫米舰炮2座，3联装鱼雷发射装置1座，火箭式多管深水炸弹发射装置2座，大型深水炸弹发射装置4座，装置滚架2座。

成都级护卫舰是中国最早装备各型雷达的中型水面舰艇，这些雷达在20世纪50年代是很好的装备。

> 图77 加装对海导弹后的"成都"号护卫舰

> 图78 双联37毫米舰炮

> 图79 桅杆顶部的导弹攻击雷达天线

20世纪70年代，中国为了加强水面舰艇的反舰能力，成都级护卫舰经改装后配置了"上游-1"号反舰导弹。改装后的成都级护卫舰排水量虽然增加了20余吨，但是对海作战能力增强不少。

> 图80 "上游-1"号导弹发射图

第一代护卫舰

20世纪60年代中期，中国自行研制了5艘江南级护卫舰。该级护卫舰是中国自行设计、建造的第一型护卫舰，并全部采用了国产的设备和材料。

"1962年南海形势急需中型水面舰艇"，于是海军要求研制江南级护卫舰。

江南级护卫舰的服役，缓解了人民海军对大中型舰艇的急需，同时也为中国自行研制水面舰艇积累了宝贵经验，带动了国防科研体系的建设，改变了以转让和仿造方式来解决海军装备发展的局面，在中国海军造舰史上具有重要的意义。

长艏楼船型高干舷

该型舰的干舷较高，稳性、抗沉性、

> 图81 江南级护卫舰

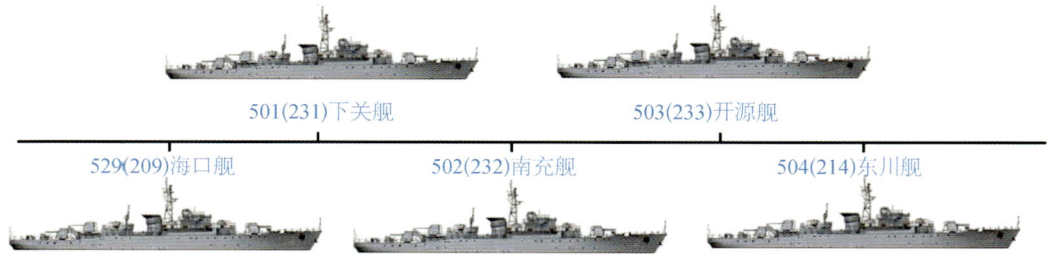

> 图82 江南级护卫舰全家谱

> 图83 "南充"号护卫舰侧视图

耐波性和结构强度都留有不少的余量。1968年9月,江南级护卫舰在执行任务时遭遇强台风的袭击,两进台风中心,经受住了考验。

优良的快速性

江南级护卫舰拥有优良的舰艇型线,并通过多次的水池试验,获得了最好的螺旋桨直径和转速,具有优异的快速性指标。

第一次采用了新型舰用合金钢

根据我国的国情,研制了自己的稀土系列钢。虽然当时这种新型舰用合金钢研制取得了一定的成功,但是在军舰上使用新材料还是有很大风险的。经过设计人员的努力,新材料最终在中国自行设计的第一艘军舰上获得成功应用。

> 图84 "南充"号护卫舰

> 图85 江南级护卫舰的100毫米舰炮

中国第一型安装空调系统的护卫舰

为适应在中国南海海域服役,江南级护卫舰上安装了空调,改善了居住性。当年在研制江南级护卫舰时,由于匮乏舰船配装空调系统的技术资料,设计师们为了完成技术攻关,对当时上海最现代化的"大光明""和平"等电影院的空调系统进行了技术调研,并整理出一套满足中国舰艇需求的空调系统规范。由于配备了空调系统,每当夏日炎炎时节,改善了官兵们的生活条件。

虽是火炮护卫舰,但反潜火力很强大

江南级护卫舰是一型火炮护卫舰,采用了"一前两后"的布置方式,配备了3门100毫米的单管舰炮。该型舰炮具有初速高、威力大等优点。

除了3门主炮外,江南级护卫舰还采用菱形布局的方式,配置了4门37毫米的双联装高炮。同时还在两舷后部布置14.5毫米双管机枪。

第3章 中国的忠诚卫士

> 图86 江南级护卫舰的14.5毫米双管机枪

> 图87 1200型5管反潜火箭式深水炸弹发射装置

第二代护卫舰

20世纪60年代，人民海军护卫舰的主要型号为成都级和江南级，虽然具备一定的近海作战能力，但舰的数量少，且其作战能力和吨位与先进国家存在明显差距。为改善整体实力，急需配备能提供有效防空、对海及反潜能力的护卫舰。因此，新一代护卫舰于1965年被国家列入规划。

经多次论证后，中国第二代护卫舰的首舰于1970年2月开始建造。在首型舰的基础上研制了配备对海导弹护卫舰。后经不断改进，一共形成了江东级、江湖Ⅰ级、江湖Ⅱ级、江湖Ⅲ级、江卫Ⅰ级和江卫Ⅱ级等多级第二代护卫舰，并成为20世

 小 贴 士

14.5毫米双管机枪

该14.5毫米机枪射界开阔，适用于低烈度冲突和应对突发事件。曾在海战中首先做出了快速反应，压制了敌方的火力。美国海军在"科尔"号事件后，也在其舰艇上加装了机枪。

此外，江南级护卫舰还配备了很强的反潜火力，不但在舰艏配置了2部1200型5管火箭式深水炸弹发射装置，还在舰艉配置有4部深水炸弹发射装置和深水炸弹投掷架。

| 护卫舰

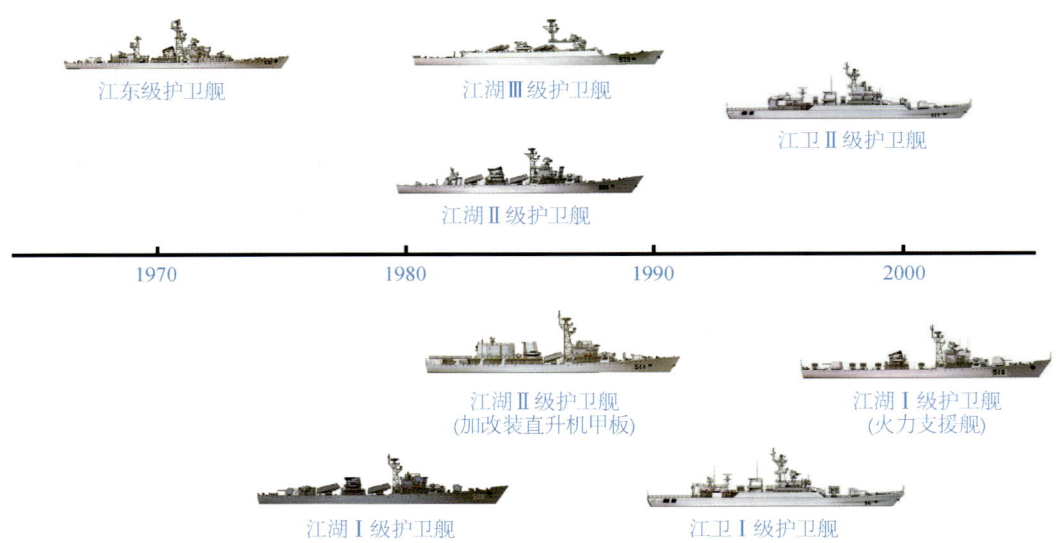

> 图88　第二代护卫舰的发展示意图

纪人民海军装备最多的护卫舰。

首配舰空导弹的护卫舰——江东级护卫舰

1967年，中国开始研制以防空为主，兼顾对海和反潜作战，配备国内研制的对空导弹、双100舰炮系统、深水炸弹反潜系统等各型武器和电子系统的新型护卫舰。这些装备的配置可使舰的总体性能较中国自行研制的第一代（江南级）护卫舰有明显提升，且与当时国外的发展水平比较接近。该级舰被国外媒体称为江东级护卫舰。

江东级首舰于1970年开工，1975年交付部队入役，舰名为"鹰潭"号。二号舰于1971年开工，1977年交付部队。

> 图89　对空导弹护卫舰——"鹰潭"号护卫舰

全封闭式的中央桥楼设计

江东级护卫舰为高干舷纵通长甲板船型，舰艏有较大的舷弧，采用了全封闭式中央桥楼设计，提高了三防能力。

创新的结构型式

江东级护卫舰设有两层纵通的甲板。与之前的护卫舰相比，江东级护卫舰的上层建筑更小，主桅杆做了改进。

首次装备舰空导弹系统

江东级护卫舰是中国首次装备舰空导弹系统的护卫舰。在舰艏和舰艉的平台上各布置了一座双联装的舰空导弹发射装置。该发射装置可在4级海况下正常发射舰空导弹，并具备半自动装填导弹的能力。同时，江东级护卫舰的主桅顶部配有一部对空搜索雷达，可及时、准确地掌握空中目标的飞行轨迹、数量和类型等情况。

江东级护卫舰的首舰在服役后，多次奉命赴南海执行任务，在1988年3月的赤瓜礁之战中发挥了重要作用，保障了我国岛礁建设的正常进行，维护了国家主权，建立了赫赫战功。20世纪90年代退役后，被陈列于青岛海军博物馆。

> 图90 对空导弹护卫舰——退役前夕的"鹰潭"号

 **装备对海导弹的护卫舰——江湖Ⅰ级护卫舰**

20世纪70年代，人民海军迫切需要能在近海、有海执行护航、护渔、巡逻等任务的护卫舰。但是之前研制的成都级和江南级火炮护卫舰性能已无法满足任务需

小贴士

1200型火箭式深水炸弹发射装置

1200型火箭式深水炸弹发射装置可同时发射10枚62式火箭式深水炸弹，成为当时中国性能突出的反潜武器装备。

护卫舰

> 图91 陈列于青岛博物馆的"鹰潭"号护卫舰

> 图92 江湖Ⅰ级护卫舰——"镇江"号

求，又开始了对海导弹护卫舰即江湖Ⅰ级护卫舰的研制。

江湖Ⅰ级护卫舰对人民海军建设具有重要的意义，并由此开始了护卫舰对海武器导弹化的进程。服役以来，该型舰作为中国近海防卫的基础兵力，频繁使用于包括西沙群岛在内的近海海域，为提高和巩固中国近海防卫做出了贡献。

> 图93　江湖Ⅰ级护卫舰——"南通"号

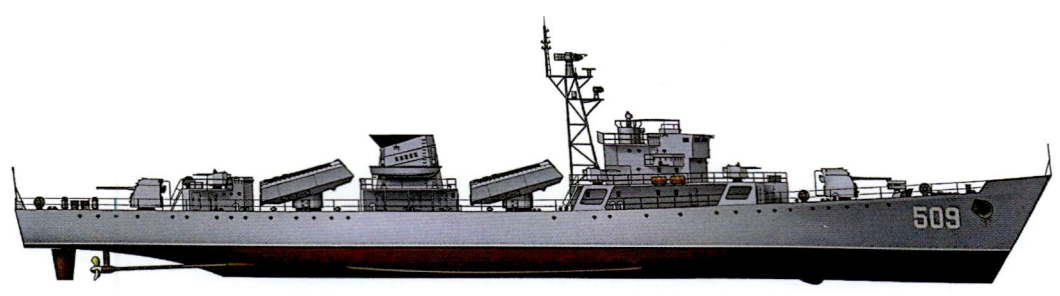

> 图94 江湖Ⅰ级护卫舰侧视图

舰体延续江东级护卫舰，重新进行舰面布置设计

江湖Ⅰ级护卫舰的主尺度和结构基本参考了江东级护卫舰。为满足加装反舰导弹发射装置的需要，江湖Ⅰ级护卫舰的舰面布局与江东级护卫舰有很大的变化，甲板以上由前、中、后三个部分组成，舰艏增设了舷墙，以减少在风暴天气中的甲板上浪，中部布置反舰导弹发射装置。

优良的快速性

江湖Ⅰ级护卫舰安装了两台中速柴油机，增加了主机的有效功率，使该级舰的最大航速接近了当时国际先进水平。

首次装备了反舰导弹

与江东级护卫舰不一样的是，江湖Ⅰ级护卫舰的作战系统全部配备了当时现有的武器装备。

反舰武器方面，江湖Ⅰ级护卫舰装配了反舰导弹，改变了以往单纯以舰炮为主的对海攻击模式。舰艏和舰艉各设有1座100毫米或130毫米的主炮。2座回旋式双联"上游-1"号反舰导弹发射装置分别设在烟囱前、后的上甲板中线处，是江湖级护卫舰的主要反舰武器。

防空武器方面，江湖Ⅰ级护卫舰防空

> 图95 "上游-1"号反舰导弹

能力比较薄弱，在舰楼四周和舯楼上布置了6座人工操作的双联37毫米舰炮。

反潜武器方面，江湖Ⅰ级护卫舰具备一定的自卫反潜作战能力，配备了舰壳声呐、反潜火箭深水炸弹发射装置和深水炸弹发射装置、深水炸弹投掷架等武器。

江湖Ⅰ级护卫舰的后续改型——江湖Ⅱ级护卫舰

在20世纪70年代后期，根据需要和实践经验的积累，对江湖级护卫舰进行改进，由此形成了江湖Ⅱ级护卫舰。

该级舰采用了从法国引进的柴油机，航速提高到28节，动力和电站功率都增大了。该级舰的舰炮、火控及探测系统与江湖Ⅰ级基本是一致的，有一定的通用性。

舰体有延续也有改动

江湖Ⅱ级护卫舰延续使用了江湖Ⅰ级护卫舰的舰型和上层建筑样式，但也做了一些改动，如加载了2对固定式的减摇鳍，取消了主桅杆旁的37毫米舰炮，烟囱样式改为椭圆的形式，还增加了海上补给装置等。

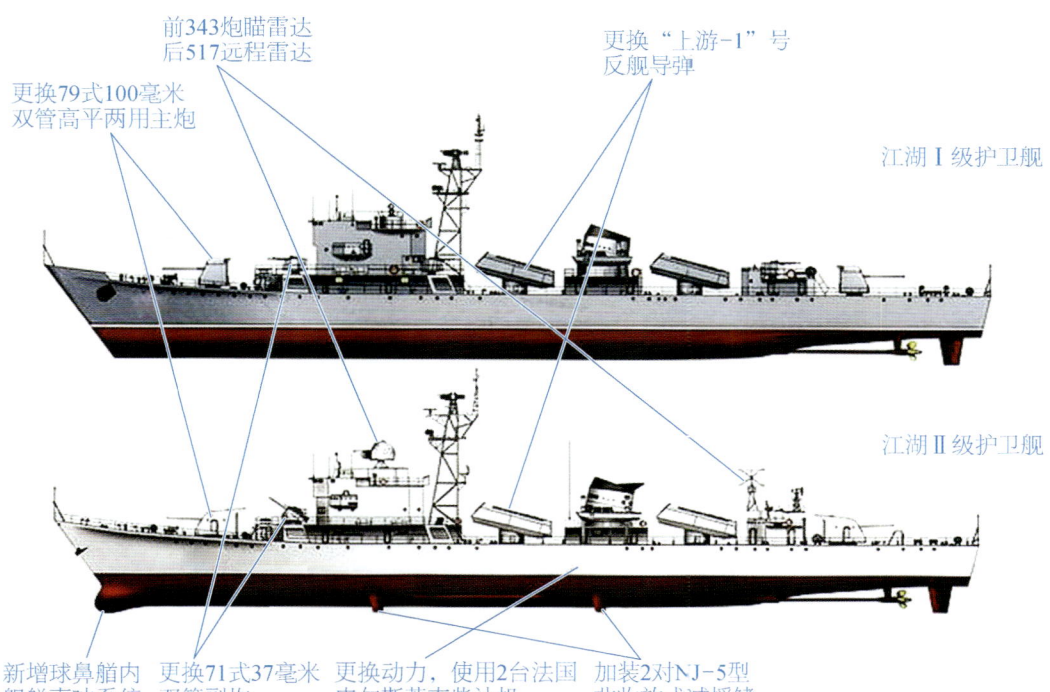

> 图96 江湖Ⅱ级护卫舰与江湖Ⅰ级护卫舰侧视图比较

护卫舰

> 图97 江湖Ⅱ级护卫舰——"金华"号

引进、吸收国外的武器装备

江湖Ⅱ级护卫舰的作战系统中吸收了国外先进的武器装备技术。

半自动舰炮上舰。江湖Ⅱ级护卫舰加装新型双管100毫米半自动舰炮，取代了之前的单管舰炮。该型舰炮是中国在法国技术帮助下自行研制的新型舰炮，后成为中国在20世纪八九十年代护卫舰的标配。

反舰方面，江湖Ⅱ级护卫舰装备了可

> 图98 江湖Ⅱ级护卫舰——"台州"号

> 图99 双管100毫米新型舰炮

发射的"上游-1"号甲型弹的改进型对海导弹发射装置。

逐渐配齐了雷达探测控制设备。20世纪80年代后期,江湖Ⅱ级护卫舰逐步配备了火控雷达和对空警戒雷达等设备。

舰载直升机上舰。20世纪80年代中期,江湖Ⅱ级的544号护卫舰加装了舰载直升机舰面系统,增设了机库、飞行甲板和直升机着舰装置,可搭载1架直-9C型反潜直升机,增强了该舰的反潜和反舰作战能力。这一改装成功解决了中国中型护

> 图100 "上游-1"号甲型反舰导弹发射装置

卫舰搭载直升机的难题。

后来，544号护卫舰还进行了换装单管自动舰炮、加装指挥仪和三联装反潜鱼雷发射装置等改装升级工作。

弹炮合一系统上舰。20世纪80年代末，江湖Ⅱ级555号护卫舰换装上了4座弹炮合一系统和2座六联装的火箭式深水炸弹发射装置，同时还换装了火控雷达与导航雷达等设备。

> 图101　江湖Ⅱ级护卫舰火控雷达

> 图102　在艉部改装了直升机库的护卫舰

> 图103 换装法国100毫米单管舰炮后的护卫舰

> 图104 "昭通"号护卫舰

 江湖Ⅰ级护卫舰的后续改型——江湖Ⅲ级护卫舰

1982年，人民海军又在江湖Ⅰ级护卫舰的基础上进行了改进，衍生出反舰型导弹护卫舰——江湖Ⅲ级护卫舰。

江湖Ⅲ级护卫舰是中国在利用国内已有的武器装备科研成果的基础上，借鉴国外先进经验，研制出的第二代全封闭式反舰型导弹护卫舰。该级护卫舰舰体造型美观、新颖，采用了现代新型护卫舰的舰体型线、上层建筑样式，首次同时配备了反舰、防空、舰载直升机等武器装备，是中国在20世纪80年代末、90年代初研制的具有国际水准的护卫舰。

动力足、航速高

江湖Ⅲ级护卫舰主尺度与江湖Ⅱ级的一样，满载排水量近2 000吨，采用2台柴油机作为动力装置，最高航速达当时先进

> 图105 江湖Ⅲ级护卫舰

图106 正在舾装的江湖Ⅲ级护卫舰

第一型具备"三防"作战能力的水面舰艇

江湖Ⅲ级护卫舰首次采用了全封闭和长桥楼的舰体结构,具备了整体"三防"作战能力,取消了舷窗,各舱室配备了空调和空气净化器。

广泛使用自动化系统和装置

由于大量使用了自动化设备,江湖Ⅲ级护卫舰舰员数量相比于江湖Ⅱ级护卫舰有了很大程度的减少。特别是江湖Ⅲ级护卫舰的动力系统实现了舰桥、集控室、机旁应急三级控制,通常情况下机舱可无人值守。

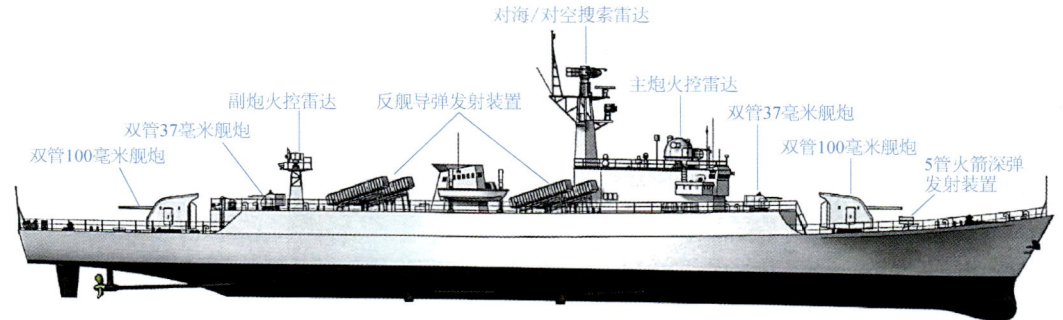

图107 江湖Ⅲ级护卫舰——"黄石"号

> 图108 江湖Ⅲ级护卫舰——"舟山"号

向现代化前进

同江湖Ⅱ级护卫舰相比，江湖Ⅲ级护卫舰配置了先进的反舰、防空、反潜、电子战等武器装备和指挥系统。

舰炮方面，与江湖Ⅱ级护卫舰比较，江湖Ⅲ级的舰炮系统没什么变化，舯艏各布置了1门双管100毫米自动舰炮，桥楼的四角各布置了1门双管37毫米舰炮，与相应的火控雷达一并组成了舰炮系统与防空系统。

反舰方面，江湖Ⅲ级护卫舰首次在烟囱前后的桥楼上左右舷对称布置了2门四

> 图109 护卫舰编队可清晰看见其上舰炮

> 图110 改装后的江湖Ⅲ级护卫舰（反舰导弹布置的方向与改装之前不同）

联装的"鹰击-81"导弹固定发射装置。这种布置具有较大的导弹发射扇面，有利于攻击前方和侧方的敌方目标。

反潜方面，同江湖Ⅱ级护卫舰一样，江湖Ⅲ级护卫舰在舰艏布置了2门5管反潜火箭式深水炸弹发射装置，可攻击水下活动的潜艇。

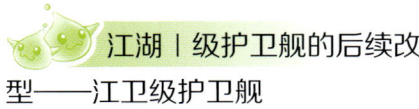 江湖Ⅰ级护卫舰的后续改型——江卫级护卫舰

通过江湖Ⅰ级、江湖Ⅱ级及江湖Ⅲ级各型护卫舰的建造，中国在护卫舰的研制中积累了不少经验，特别是对海攻击能力已达到较高的水平。但在20世纪80年代后，世界上反舰作战模式出现了新的变化，对水面舰艇的对空防御能力提出了更

"鹰击-81"导弹

"鹰击-81"导弹是中国研制的第二代掠海式反舰导弹，被称为"中国飞鱼"，于1984年国庆阅兵中首次露面，后发展为系列反舰导弹。

> 图111 江卫Ⅰ级护卫舰

> 图112 江卫Ⅰ级护卫舰上的防空导弹发射装置

高的要求。光靠双联装37毫米的副炮根本无法抵御来自空中的攻击,特别是反舰导弹的攻击。

由此,人民海军利用国内已有的技术,在后续的系列舰上加装了简装架式的对空导弹发射系统,形成了国外所称的江卫Ⅰ级护卫舰。

相比之前的江湖级护卫舰,江卫Ⅰ级护卫舰的外形显得比较丰满。全舰采用了全封闭设计,同时提高了干舷高度,大大提高舰艇的耐波性及远海航行能力。

在舰体外形设计上,首次引入了隐身技术,舰体水线以上部分外飘,舰艏有很明显的折角线。舰体及上层建筑低矮,边角处采用了圆弧过渡,两侧侧壁有一定的

内倾,有效地降低了雷达反射面,具有较好的隐身性。

在舰载武器方面,江卫级护卫舰不同于江湖级护卫舰分别研制防空、反舰两种型号的设计,而是顺应先进护卫舰的发展趋势,同时具备较强的反舰、防空及反潜能力,是具有较强综合作战能力的多用途导弹护卫舰。

江卫Ⅱ级护卫舰是中国自行研制的第2型全封闭反舰型导弹护卫舰。相比于江卫Ⅰ级护卫舰,江卫Ⅱ级护卫舰具有更强的防空作战能力。

舰型外飘、适航性好

江卫Ⅱ级护卫舰的舰体长宽比小于国外同期的护卫舰,为舰艏外飘、舰艉方形的楔形水线面,可降低兴波阻力,具有良

> 图113 江卫Ⅱ级护卫舰——"玉林"号

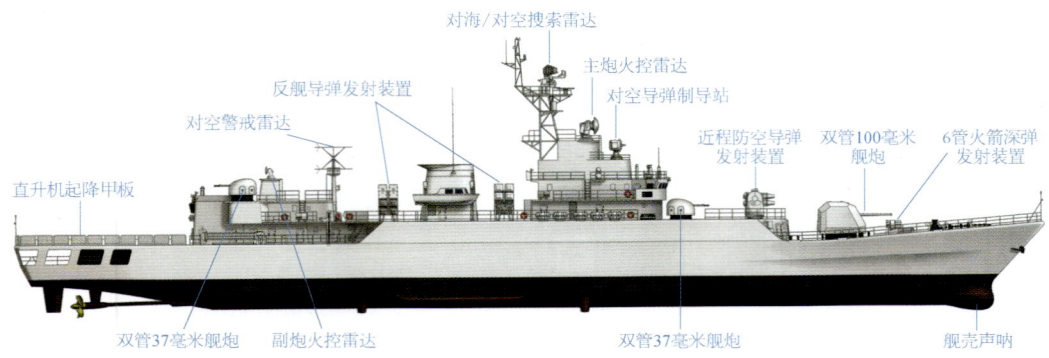

> 图114 江卫Ⅱ级护卫舰主要武器配置图

好的航行性能。

优良的居住环境

江卫Ⅱ级护卫舰充分利用照明、色彩、降噪等措施，改善了舰员的工作和居住条件，提高了舰员的战斗力。

钢和铝合金混合材质

同江湖Ⅲ级护卫舰一样，江卫Ⅱ级护卫舰采用了中央桥楼全封闭式的设计，舰

> 图115 "连云港"号护卫舰

第3章 中国的忠诚卫士　79

> 图116 "绵阳"号护卫舰

体为钢质结构，上层建筑、机库、烟囱则为铝合金结构。

换装了"海红旗-7"近程防空导弹发射装置

江卫Ⅱ级护卫舰的导弹发射装置和江卫Ⅰ级护卫舰基本一样。与江卫Ⅰ级护卫舰最大不同的是，江卫Ⅱ级护卫舰换装了"海红旗-7"近程防空导弹。"海红旗-7"近程防空导弹比江卫Ⅰ级护卫舰的防空导弹更为先进、更加小巧，改型防空导弹还装备于中国同一时期的驱逐舰。

此外，江卫Ⅱ级护卫舰还将舰炮换装成了具有隐身设计的双管100毫米新型舰炮，并改变反舰导弹发射装置排列方式。

> 图117 "海红旗-7"近程防空导弹发射瞬间

小贴士

"绵阳"号护卫舰

"绵阳"号护卫舰于2009年4月23日海军成立60周年纪念日，在青岛外海接受了人民海军成立60周年检阅。

> 图118 双管100毫米隐身舰炮

第三代护卫舰

第一代护卫舰虽经"小步快跑"式的发展，完成了过渡到中国第二代护卫舰的使命，但其排水量为2 000吨级，毕竟是一种近海护卫舰。因此，在步入21世纪后，中国的第三代护卫舰——4 000吨级的江凯级护卫舰就应运而生了。

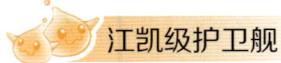

21世纪初期，中国推出了一型与以往不同的、备受关注的新型护卫舰——江凯级护卫舰。该级护卫舰采用了全新的隐身舰体，武器配置与江卫Ⅱ级护卫舰差不多，具备点防空能力，可在近海和远洋执行巡逻警戒、编队护航、反潜等任务。

江凯级护卫舰的作战系统多采用现有装备，但其新颖的设计向外界宣示中国护卫舰已经进入到隐身护卫舰的队列中，同时也昭示了中国护卫舰正发展进入到远洋

> 图119 江凯级护卫舰（一）

> 图120 江凯级护卫舰（二）

护卫舰阶段。

江凯级护卫舰被称为"中华拉法耶特"，向内倾斜的堡垒式上层建筑、内藏式的隐身布置，使江凯级护卫舰的舰体显得格外简洁、简练、前卫，完全摆脱了以往护卫舰的设计样式，颇有法国拉法耶特级护卫舰的设计概念。

小贴士

"拉法耶特"号护卫舰

"拉法耶特"号为法国研制的一型护卫舰，以外形隐身良好而著称，销往多国海军。

护卫舰

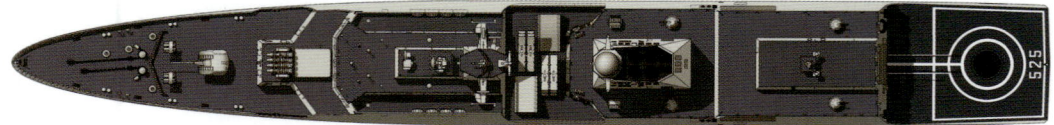

> 图121 江凯级护卫舰侧视图和俯视图

> 图122 航行中的江凯级护卫舰

第3章 中国的忠诚卫士

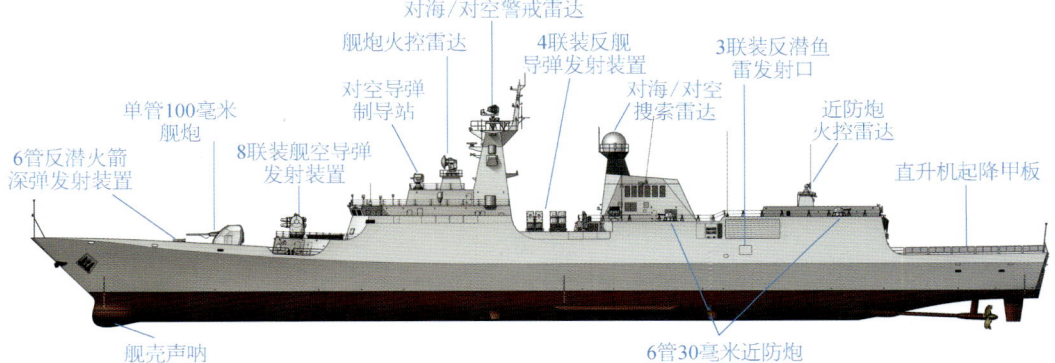

> 图123　江凯级护卫舰主要武器配置图

具有远洋航行能力

江凯级护卫舰采用了全新的舰体线型，快速性、操纵性、耐波性优越，可在除极区外的全球海域航行。

柴-柴联合动力形式

江凯级护卫舰采用柴—柴联合动力系统，同时还使用了一些先进的减振降噪技术，提高了该级护卫舰的隐身性和居住性。

隐身布置现有武器装备

江凯级护卫舰沿用了很多成熟的舰船武器装备技术。防空武器与江卫级护卫舰、旅海级驱逐舰上的为同一系列的"海红旗-7"近程防空导弹发射装置。反舰武器是"鹰击-83"反舰导弹，采用半埋式的安装方式布置于舯楼后方。

舰炮方面，江凯级护卫舰在舰艏配备了具有隐身外型、仿自法国100毫米自动

> 图124　单管100毫米舰炮

亚丁湾护航

亚丁湾护航是中国根据联合国决议，在得到索马里政府同意后进行的军事行动。在2008—2018年，中国派出了31批护航编队前往亚丁湾海域遂行护航任务，其中就有江凯Ⅱ级护卫舰的身影。

> 图125 舰艉直升机平台

> 图126 江凯级护卫舰主桅杆及烟囱桅

舰炮的单管舰炮,该型舰炮也配备于旅洋级驱逐舰上。

反潜方面,江凯级护卫舰在舰炮前面布置有2门能自动填装的六联装火箭式深水炸弹发射装置;舰体两舷隐藏布置有2具三联装324毫米鱼雷发射装置;舰艉设有1座直升机库与飞行甲板,可搭载"卡-28"或"直-9"型舰载直升机。同时,江凯级护卫舰的舰艏装有舰壳声呐,舰艉有拖曳声呐阵,探测能力较过去提升不少。

江凯级护卫舰配备有与旅海级驱逐舰相似的雷达设备，装配了对空/平面搜索雷达、导引防空导弹的雷达/光电射控系统、导控舰炮与反舰导弹的射控雷达等先进火控系统。江凯级护卫舰还配备了高频、超高频、高速数据链、卫星通信、直升机指挥引导通信等先进的通信系统。

江凯Ⅱ级护卫舰

江凯Ⅱ级护卫舰是中国在江凯级护卫舰研制的成功经验上推出的新型护卫舰。该级护卫舰是中国在21世纪武器装备研制的代表作之一，是人民海军的新锐，同时因该级舰设计新颖而被誉为"新青年"。

江凯Ⅱ级护卫舰配备了很多先进的武器装备，具有较强的防空、反舰、反潜作战能力。自该级护卫舰服役以来，多次前往中东亚丁湾执行反海盗护航，以及地中海护航、也门撤侨和外出访问等任务。

> 图127 "徐州"号护卫舰

> 图128 正在执行护航任务的"徐州"号护卫舰

地中海护航

地中海护航是中国根据联合国决议，于2014年1月派出"盐城"号护卫舰和"黄山"号护卫舰前往地中海与俄罗斯、丹麦、挪威海军一起执行护送载有叙利亚化学武器商船到预定海域的护航任务。

> 图129 正在执行护送化学武器航行任务的"盐城"号护卫舰

> 图130 正在执行撤侨任务的中国护卫舰

舰体设计与江凯级护卫舰大体一致

江凯Ⅱ级护卫舰只是前部舰体的折角线与江凯级护卫舰有些不同,江凯Ⅱ级护卫舰的折角线是从舰桥部位开始向内折。但是为提高适航性和隐身性,从第5艘"运城"号开始,折角线的起始位置又改

> 图131 江凯Ⅱ级护卫舰——"衡水"号

> 图132 江凯Ⅱ级护卫舰侧视图

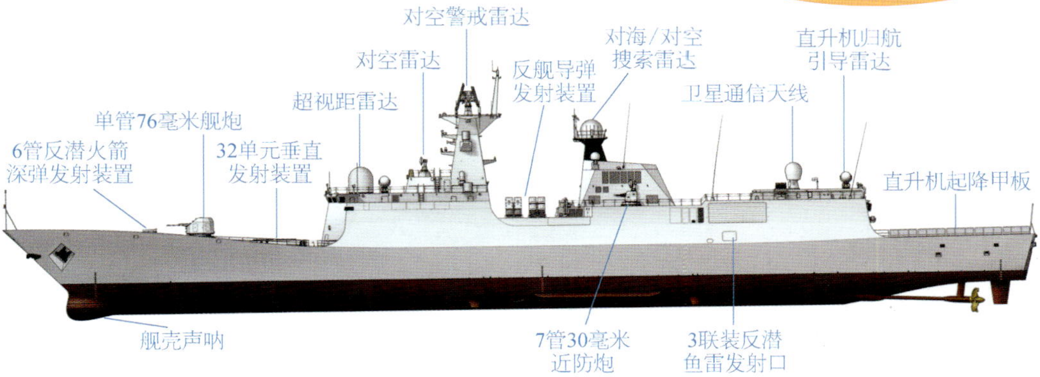

为舰艏挡浪板处。

换装了垂直发射装置与新型近防炮

在武器配置方面，江凯Ⅱ级护卫舰在江凯级护卫舰的基础上进行了一定的换装，增强了该级护卫舰的反舰、防空等方面的作战能力。

在防空方面，江凯Ⅱ级护卫舰换装了新型防空导弹垂直发射装置，替代了江凯级护卫舰的防空导弹发射装置。该新型垂直发射装置与美国、法国等西方国家的方格式垂直发射装置类似。

小贴士

也门撤侨

也门撤侨是中国海军派遣"临沂"号、"潍坊"号护卫舰于2015年3月29日、3月30日在也门港口亚丁撤离中国公民的撤侨任务。这是中国第一次动用军舰执行的撤侨任务。

> 图133　江凯Ⅱ级护卫舰的垂直发射装置

江凯Ⅱ级护卫舰的防空系统可同时跟踪与攻击多个目标，在一定程度上具备区域防空能力。

> 图135　点火发射防空导弹的瞬间

舰炮口径变小。江凯Ⅱ级护卫舰并未继续沿用江凯级上配备的中国自制的单管100毫米舰炮，而采用了一门国产的单管76毫米隐身舰炮。

> 图134　处于开启状态下的垂直发射装置

> 图136　单管76毫米隐身舰炮

第3章 中国的忠诚卫士

> 图137 新型30毫米近防炮

> 图138 江凯Ⅱ级护卫舰的主桅杆和烟囱桅

装配了新型近防武器系统。江凯Ⅱ级护卫舰换装了新型30毫米近防武器系统，布置于烟囱两侧。

装配了新型雷达。江凯Ⅱ级护卫舰装配了新型三坐标对空搜索雷达、超视距火控雷达系统等新一代中国舰艇雷达设备，提升了该级舰艇的探测与火控能力。

后续改装升级

在江凯Ⅱ级护卫舰的后续舰建造中，增设了拖曳式声呐设备，加强反潜能力；换装了最新型30毫米的近防炮，进一步提升了该级护卫舰的反潜和防空能力。

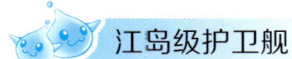 江岛级护卫舰

江岛级护卫舰是中国研制的新一代多用途轻型护卫舰。该级护卫舰采用深V的舰体型线，舰体外飘，上层建筑内倾，拥有隐身的现代船体造型，具有良好的适航性。

江岛级护卫舰武器装备先进，可在近海执行巡逻警戒及海上执法等任务。

江岛级护卫舰的"惠州"号和"钦州"号现已装备于驻港部队，担负维护香港安全稳定的职责。

> 图139 江岛级护卫舰

> 图140 江岛级护卫舰侧视图

舰体设计独特

江岛级护卫舰上层建筑高度相比于其他护卫舰而言有明显压低，这是为了降低重心高度，增加航行时的稳性；舰体设计也一定程度考虑到雷达波隐身性能，采取全封闭舰桥，舰桥前方两侧有三角形的削斜平面。

舰艏深V，航行性能好

江岛级护卫舰采用深V船型、双机双桨的推进形式，还设有一对减摇鳍，所以该型舰拥有较高的航速和较好的耐波性，可在高海况下安全航行。

可起降直升机

虽然江岛级护卫舰排水量比江湖I级护卫舰略小，但在舰艉布置了一个直升机起降平台，可起降"直-9"舰载直升机。

> 图141 江岛级护卫舰的舰艉直升机平台

体量虽小,但集防空、反舰、反潜等功能于一身

虽然江岛级护卫舰的排水量只有1 000多吨,但其自动化程度相当高,配置了舰炮、反舰导弹、舰空导弹、电子对抗等武器设备,拥有较强的防空、反舰、反潜作战能力。

江岛级护卫舰在舰艏设有一门单管76毫米的舰炮,可用于攻击海上目标和空中目标。

反舰方面,在主桅杆与烟囱之间,江岛级护卫舰对称布置了2座双联装的反舰导弹发射装置。

防空方面,江岛级护卫舰在主桅两侧各布置有1座30毫米的自动/人工操控舰炮,可打击近距离的小型水面目标和低空目标。

江岛级护卫舰的艉部上配置了1座可填装8枚防空导弹的近防系统,该近防系统与美国的"拉姆"短程防空导弹系统类似。

反潜方面,江岛级护卫舰没有像之前的护卫舰那样配置反潜火箭式深水炸弹发射装置,而是在舰艉两侧配置了2部三联装鱼雷发射装置,可发射小型口径鱼雷,攻击水下目标。

在江岛级护卫舰的后续舰建造中,在舰艉安装拖曳式线列阵声呐,以增强该级舰的反潜能力。

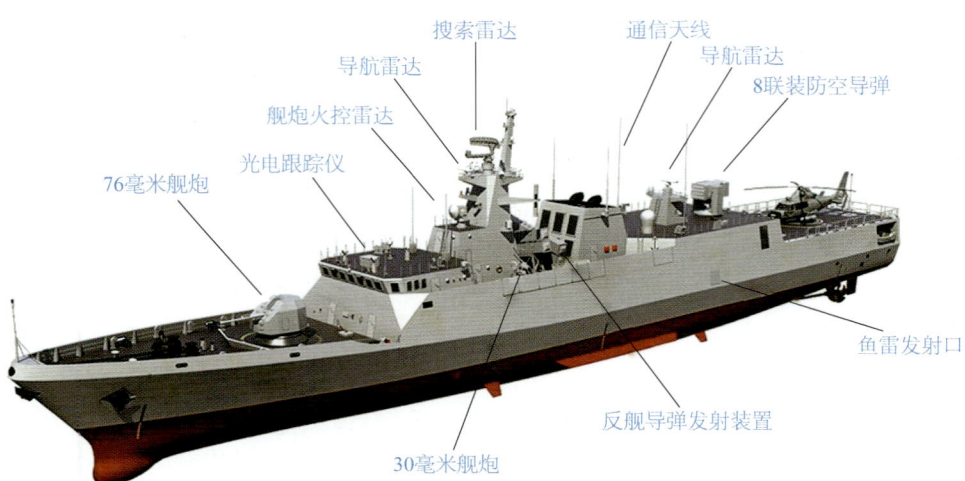

> 图142　江岛级护卫舰武器装备示意图

> 图143　江岛级护卫舰舰艏舰炮

> 图144 "鹰击"反舰导弹发射装置

> 图145 江岛级轻型护卫舰的30毫米舰炮

> 图146 江岛级轻型护卫舰防空导弹发射

> 图147 舰载鱼雷发射

第3章 中国的忠诚卫士

> 图148 江岛级护卫舰后续舰的舰艉

第4章

走出国门
——军贸出口的护卫舰

建国70年来，中国护卫舰从无到有、从小到大、从弱到强，护卫舰在保卫国家领海和主权上发挥了重要作用，还出口其他国家，并频频在兰卡威、阿布扎比等国际海事防务展上亮相。

> 图149 2019年阿布扎比国际海事防务展中国展台

> 图150 中国向孟加拉国出口的"希望"号护卫舰

第4章 走出国门——军贸出口的护卫舰

> 图160 某国"纳莱颂恩"号护卫舰的主炮

> 图161 某国纳莱颂恩级"达信"号护卫舰

> 图162 某国"纳莱颂恩"号护卫舰的主炮

佐勒菲卡尔级护卫舰

2005年4月,中国出口了佐勒菲卡尔级护卫舰,即F-22P型护卫舰。该国船厂参与了该级护卫舰的建造。

佐勒菲卡尔级护卫舰是3 000吨级多用途护卫舰,由于该级护卫舰的全部舰名均取锋利的刀剑之意,因此该级舰也被称为刀剑级护卫舰。

佐勒菲卡尔级护卫舰主要性能参数如下:

性　能	参　数
舰长	123米
型宽	13.2米
满载排水量	2 980吨
最大航速	29节

> 图163　某国"佐勒菲卡尔"号导弹护卫舰

> 图164 某国佐勒菲卡尔级"沙姆谢尔"号导弹护卫舰

优化了舰型，更适合在印度洋和阿拉伯海航行

为适应印度洋和阿拉伯海的海况，佐勒菲卡尔级护卫舰在适航性方面做了很多优化工作。

上层建筑类似于中国旅海级驱逐舰

虽然佐勒菲卡尔级护卫舰是护卫舰，但其线条细腻、舰面简洁，船楼构型、烟

> 图165 某国"赛伊夫"号导弹护卫舰

第4章 走出国门——军贸出口的护卫舰

> 图166 中国"深圳"号驱逐舰

舻构型均与中国的旅海级驱逐舰相类似。

作战系统与江湖级护卫舰有同有异

该型护卫舰配备一门76毫米口径舰炮；舰炮前方装有2座六联装反潜火箭式深水炸弹发射装置，舰桥前方装有1座中国制造的八联装FM-90N近程防空导弹发射装置。

船楼与烟囱之间装有2组四联装C-802反舰导弹发射装置；烟囱后方两舷的甲板各有1组三联装324毫米鱼雷发射装置。

小贴士

旅海级驱逐舰

旅海级驱逐舰是中国海军在20世纪90年代研制的多用途导弹驱逐舰，是当时人民海军建造和使用过的吨位最大的水面作战舰艇。其中，"深圳"号驱逐舰被国内的报纸杂志称为"神州第一舰"。

> 图167 舰艇主炮

> 图168 FM-90N 近程防空导弹发射装置

 第4章 走出国门——军贸出口的护卫舰

> 图151 中国展出的江凯Ⅱ级护卫舰的出口型模型

阿尔·扎菲尔级护卫舰和昭披耶级护卫舰

1985年前后，北非某国海军向中国采购的2艘江湖Ⅰ级护卫舰，被称为阿尔·扎菲尔级护卫舰。该级护卫舰是新中国成立以来首次出口的护卫舰。

20世纪80年代，南亚某国向全球招标采购新型护卫舰以代替其老旧的舰艇。中国赢得了订单，该国海军将该型护卫舰称为昭披耶级护卫舰。

1990年，中国又向南亚某国转让了1艘江湖Ⅱ级护卫舰，被该国命名为"奥斯曼"号护卫舰。

> 图152 中国出口的阿尔·扎菲尔级护卫舰

> 图153 孟加拉国"奥斯曼"号护卫舰

 **阿尔·扎菲尔级护卫舰**

中国最早的出口护卫舰型号为阿尔·扎菲尔级,它是以江湖Ⅰ级为基础进行设计建造的。

阿尔·扎菲尔级护卫舰的主要性能参数如下:

性　　能	参　　数
舰长	103.2米
型宽	10.3米
满载排水量	1 955吨
最大航速	26节

阿尔·扎菲尔级护卫舰配备了2门双联装57毫米舰炮,6门双联装37毫米舰炮,4枚"海鹰-2"型反舰导弹、4门5管反潜火箭式深水炸弹发射装置。

 **昭披耶级护卫舰**

昭披耶级护卫舰是在江湖Ⅲ级护卫舰基础上改进设计与建造的一型护卫舰,是专门设计的一型出口导弹护卫舰。

昭披耶级护卫舰的主要性能参数如下:

性　　能	参　　数
舰长	103.2米
型宽	11.3米
满载排水量	1 955吨
最大航速	30节

第4章 走出国门——军贸出口的护卫舰

> 图154 埃及海军的阿尔·扎菲尔级护卫舰与美国伯克级驱逐舰并驾齐驱

> 图155 某国昭抜耶级护卫舰

同江湖Ⅰ级护卫舰相比有所不同

昭披耶级护卫舰采用长桥楼结构，增大了舰内空间。与江湖Ⅰ级护卫舰相比，昭披耶级的中部多了一整层连通的舱室，全舰的居住条件有很大的改善。

前后两批次舰的总布置也有所不同

该级护卫舰的3号舰，取消了舰艉部的一门主炮，改设直升机起降平台。

实现机舱无人化工作

昭披耶级护卫舰首次对全舰自动化设备进行了集中布置，实现了集控室、舰桥、机旁应急的三级控制，正常情况下可实现机舱无人化工作。

> 图157　泰国昭披耶级护卫舰首舰访问上海

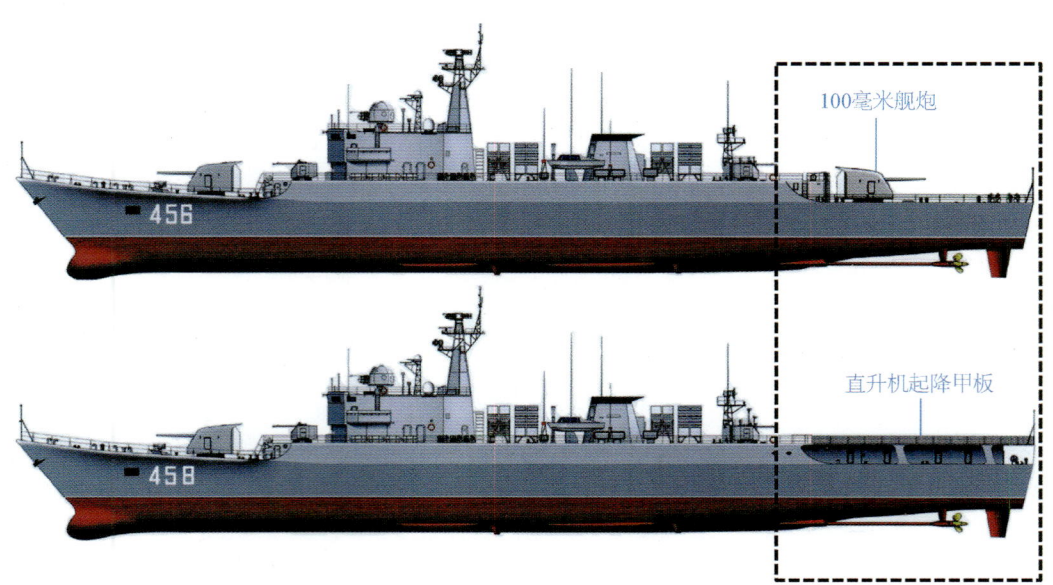

> 图156　泰国昭披耶级护卫舰前后两批次舰对比图

装配了中国制造的作战武器

昭披耶级护卫舰在舰艏安装2座五联装火箭式深水炸弹发射装置，之后是一门双联装100毫米舰炮，在桥楼的前端左右舷安装了2门37毫米口径的高射炮。烟囱后面布置了两组四联装反舰导弹发射装置。

> 图158　某国昭披耶级"克拉巴厘"号护卫舰

纳莱颂恩级导弹护卫舰

20世纪90年代，中国出口了纳莱颂恩级导弹护卫舰。

纳莱颂恩级导弹护卫舰的主要性能参数如下：

性　　能	参　　数
舰长	120米
型宽	13米
满载排水量	3 028吨
最大航速	32节

> 图159 某国纳莱颂恩级导弹护卫舰的首舰"纳莱颂恩"号

中国的舰体

该型护卫舰吸收了众家之长，为舰艏尖瘦、舯艉方正的平甲板船型。配备有1门127毫米MK45 Mod 2型主炮、2门双联装37毫米舰炮，配置有2座四联装"鱼叉"反舰导弹发射装置、8单元可发射"海麻雀"导弹的MK41舰空导弹垂直发射装置、有2座可发射MK46鱼雷三联装鱼雷发射装置，可载1架英法联合研制的"山猫"直升机或1架美国的"海鹰"直升机。

> 图169　C-802反舰导弹发射装置

> 图170　三联装324毫米鱼雷发射装置

护卫舰

> 图171 佐勒菲卡尔级护卫舰桅杆上的电子设备

佐勒菲卡尔级护卫舰的电子装备基本上与江湖级护卫舰类似，例如舰载作战系统、对空/对海搜索雷达、对空搜索雷达等。

C28A型护卫舰

C28A型护卫舰是中国2012—2016年期间出口北非的3 000吨级护卫舰，该型护卫舰是中国首次根据英国劳氏船级社军船规范设计，汇集了多国武器装备，是作战性能优良的军贸舰船。

C28A型护卫舰排水量达2 800多吨，船体长度120米。C-28A型护卫舰的交付使得在该国服役近30年的科尼级护卫舰退居二线，而成为该国护卫舰的主力。

第4章 走出国门——军贸出口的护卫舰 113

> 图172 阿尔及利亚C28A型护卫舰

> 图173 英国劳氏船级社图标

小贴士

英国劳氏船级社

英国劳氏船级社,也称英国劳埃德船级社,英文缩写LR,是世界上成立最早的一个船级社,是世界公认的船舶认证机构,主要从事船舶入级、检验,制定船舶设计、建造、检验规范等业务。英国劳氏船级社在全球的军工、工程等方面享有盛名。

> 图174　某国科尼级护卫舰

C28A型护卫舰的主要性能参数如下：

性　　能	参　　数
舰长	120米
舰宽	14.4米
标准排水量	2 880吨
最大航速	28节

舰体造型优美

C28A型护卫舰舰艇造型简洁大方、线条流畅，借鉴了中国江凯级和江凯Ⅱ级护卫舰的造型。不同的是舰体侧面有2条折角线：一条起于舰艏，下斜走势至甲板下的第一层甲板处光滑过渡到舷侧外板；一条起于艏楼前端，终于舰艉。

巧妙的舷侧排气设计

C28A型护卫舰从兼顾空间与隐身的角度出发，首次在装备大功率主机的护卫

> 图175　海试中的C28A型护卫舰

舰上采用了舷侧排气的方式,取消了烟囱,增大了上层建筑的空间,还可缩短桥楼的长度,为布置大型直升机起降平台创造了条件。同时,在舷侧排出的气体经海水冷却,可大幅提升红外隐身能力。

引入国际船级社检验

C28A型护卫舰在设计、建造与检验过程中,首次引入了国际知名度高的英国劳氏船级社进行入级检验,突破了中国军贸舰艇的国际标准化设计建造的瓶颈。

强有力地整合多国设备于一身

通过新型国产作战管理系统,将众多

> 图176　C28A型护卫舰的2号舰"埃尔法提赫"号

中西方设备集成在一起,有效解决了常见的多国系统设备的兼容性,并进一步提高了全舰的自动化水平,精简了作战流程,有效提升了该型舰的综合作战能力,同时还减少了人员编制,降低了使用成本。

科尼级护卫舰

科尼级护卫舰,又被称为美洲豹级护卫舰,舰长约96米,舰宽约12.5米,排水量约1 930吨,最大航速约27节。它是苏联设计的一种出口型轻型护卫舰,共建造14艘,全部出口,被誉为"全职外援"。

作战系统汇集了多型中国成熟的武器装备

C28A型护卫舰集成了众多成熟的中国武器装备，如反舰导弹、近程防空系统、76毫米隐身舰炮、7管30毫米口径速射炮等。

反舰方面，C28A型护卫舰主炮为中国制造的单管76毫米隐身舰炮。同时，在船舯布置了2座四联装反舰导弹发射装置。

防空方面，C28A型护卫舰在舰桥前方布置了八联装舰空导弹发射装置，同时在机库上方左右舷各布置了1座中国制造的7管30毫米近防炮，整体性能优于"密集阵"6管速射近防炮。

> 图177　C28A型护卫舰的舰炮

> 图178　《红海行动》海报

> 图179 发射反舰导弹的C28A型护卫舰

> 图180 三联装鱼雷发射管

反潜方面，C28A型护卫舰搭载了一架欧洲的"超山猫"反潜直升机；在舰上配有2具三联装鱼雷发射管。

电子设备方面，C28A型护卫舰的电子设备采用中国和西方系统混合搭配方式，将国外的三维多波束对空对海探测雷达和导航雷达，与国产的火控雷达和作战指挥系统集成为一体。

> 图181 C28A型护卫舰主桅上的众多电子设备天线

P18N型巡逻舰

某国海军向中国采购了2艘1 800吨级的P18N型巡逻舰,但在该国及英国《简氏海军年鉴》中,把该型舰归入到护卫舰的行列中。

P18N型巡逻舰的主要性能参数如下:

性能	参数
舰长	95米
型宽	12.2米
满载排水量	1 800吨
最大航速	21节

> 图182 某国P18N型近海巡逻舰2号舰"团结"号

参照中国船级社的规范标准设计建造

P18N型巡逻舰参照中国船级社的标准进行设计、建造和检验，具有良好的稳性，可搭载直升机。

航速不高，但自持力长

虽然P18N型巡逻舰的航速不高，但自持力较长，能够长时间在近海执行巡逻、警戒、搜救等任务。武备方面，P18N型巡逻舰配备1门PJ-26单管76毫米舰炮、2门30毫米舰炮和2门20毫米舰炮。

> 图183　某国P18N型近海巡逻舰模型

> 图184　P18N型巡逻舰舰艏主炮

第5章
各有特色的国外护卫舰

| 护卫舰

在军舰行列中，护卫舰是数量最多、分布最广、作战机会最多的舰种。本章将介绍国外最具代表性的数型护卫舰。

美国护卫舰

20世纪70年代初，美国海军急需一型造价低廉的新型护卫舰代替老旧退役的驱逐舰和护卫舰，以改变其多数战斗舰艇出现的舰龄过长、难以改装的困境，于是实施了"高低档次相结合"造舰计划，由此诞生了佩里级护卫舰。佩里级护卫舰以美国在第二次英美战争中的战斗英雄奥利弗·哈泽德·佩里少校的名字命名，其全称为奥利弗·哈泽德·佩里级护卫舰。

依照设想，佩里级护卫舰就是二战中护航驱逐舰的翻版，主要执行以下任务：为航行的补给编队、两栖作战编队、远洋运输船队或商业运输船队提供防空、反潜和反水面威胁的保障；保护主要的海上航线；协同其他兵力执行反潜作战。

1975—1988年间，美国共建造了60艘佩里级护卫舰，其中51艘服役于美国海军。佩里级护卫舰虽然构型简单，采用2台燃气轮机推进，为单轴、单桨、单舵，

> 图185　美国佩里级护卫舰

但其作战能力十分齐全。

由于佩里级护卫舰性价比高，不但在美国海军中有较高的历史地位，而且也深受其他国家欢迎，澳大利亚订购了6艘，希腊订购了3艘；后来美国又将从海军退役的佩里级护卫舰转让给了土耳其、巴基斯坦、巴林等国家。2015年9月，美国海军隶属的最后一艘佩里级"考夫曼"号（FFG-59）退役，结束了这一级舰在美国的历史使命。

> 图186 美国航空母舰战斗群中的佩里级护卫舰

> 图187 出口到澳大利亚的佩里级护卫舰

佩里级护卫舰的主要性能参数如下：

性　能	参　数
舰长	135.6米（短舰身构型）/ 138米（长舰身构型）
型宽	13.7米
吃水	4.5米
标准排水量	2 794吨
满载排水量	3 660吨（短舰身构型）/ 4 100吨（长舰身构型）
续航力	4 500海里/20节
最大航速	29节

> 图188 美国斯普鲁恩斯级驱逐舰

航速快

佩里级护卫舰采用了强度好、适航性好的平甲板舰型。受斯普鲁恩斯级驱逐舰的影响，该级舰的船体前段剖面为V形，尾段剖面为U形。佩里级护卫舰的长宽比较大，虽然快速性较好，但是其回转性和适航性有所下降。

设计新颖、防护能力强

佩里级护卫舰的上层建筑比较庞大，为铝合金材质，但采用了全封闭设计，四周仅设置了少数几个水密门，提高了本舰的"三防"能力。同时，佩里级护卫舰也是美国海军第一级加装凯夫拉结构的舰艇。该舰的指挥与电子设备舱、弹药舱、主机舱等区域均加装了16～19毫米不等的凯夫拉装甲板，提高了防弹、防破片的能力。

作战意图明确

作为"冷战"时期的产物，佩里级护卫舰鲜明地围绕反潜和填补防空空隙来装配其作战系统。主要配置有1门76毫米舰炮、1门6管20毫米"密集阵"近防炮、2

> 图189 美国佩里级护卫舰"罗尼·戴维斯"号

具三联装324毫米反潜鱼雷发射装置、1座可发射"标准"和"鱼叉"导弹的两用发射装置，并能搭载2架"SH–2G海妖"反潜直升机或"SH–60B海鹰"多用途直升机。

佩里级护卫舰配备声呐换能器尺寸较小、侦测距离较低的SQS–56中频舰艏声呐和2架反潜直升机。SQS–56声呐具有可抑制杂波的特性，十分适合在浅海

> 图190 佩里级护卫舰舰载炮开火

小贴士

斯普鲁恩斯级驱逐舰

斯普鲁恩斯级驱逐舰于20世纪70年代初研制，共建成服役21艘，于2005年全部退役，该级舰曾为美国海军航母战斗群的反潜主力。

> 图191 正在佩里级护卫舰舰艏进行作业的直升机

作业。

佩里级护卫舰不同于其他舰艇，在舰艏布置了1座能发射标准SM-1导弹与"鱼叉"导弹的单臂发射装置。舰上配有36枚标准SM-1导弹与4枚"鱼叉"导弹，共40枚。

(a)

(b)

(c)

(d)

(e)

(f)

> 图192 佩里级发射标准防空导弹过程

俄罗斯护卫舰

戈尔什科夫海军元帅级护卫舰

俄罗斯为了保持其大国海军的地位，研制了戈尔什科夫海军元帅级护卫舰，该舰又称为22350型防空导弹护卫舰，是俄海军在冷战后建造的第一型水面主力舰艇。

戈尔什科夫海军元帅级护卫舰舰体设计刚毅简洁，整体配置布局紧凑，采用模块化设计，整合了俄罗斯现有最新型、最先进的系统与装备，综合作战能力强大，丝毫不逊于21世纪初其他国家新近服役的几型舰艇，印证了俄罗斯国防工业的雄厚实力。

> 图193 俄罗斯"戈尔什科夫海军元帅"号护卫舰

> 图194　俄罗斯"卡萨托诺夫海军元帅"号护卫舰

该级舰是专为在远海区域对水面舰艇和敌方潜艇进行作战行动而设计的护卫舰，可在远海执行反潜、反舰、防空、火力支援、救援等多种使命任务。

戈尔什科夫海军元帅级护卫舰的主要性能参数如下：

性　能	参　数
舰长	135米
型宽	16.4米
吃水	4.4米
标准排水量	4 450吨
最大航速	29节
续航力	4 000海里/14节

适合远海航行

戈尔什科夫海军元帅级护卫舰为长艏楼、方艉船型，舰体外飘明显，横剖面呈深V形。它选用了长宽比较小、水线面系数较大的舰体，两侧装有减摇鳍，以减轻横摇。同时，前甲板设置有防浪板，以减少甲板上浪。

外形简洁新颖

从外形上看，该级舰设计新颖简洁，隐身程度高，一改苏/俄水面舰体粗犷彪悍、武备密布的特点。船体呈当前流行的

> 图195　挂满旗帜的"戈尔什科夫海军元帅"号护卫舰

> 图196 俄罗斯"戈尔什科夫海军元帅"号护卫舰侧视图

长艏楼甲板，采用单烟囱设计，只配置一个大型的封闭式塔状桅杆，舰体艉部设有直升机飞行甲板和固定的机库。虽然早期图片中该级舰的后半段上层结构带有外销印度的护卫舰的影子，但整体而言是崭新的设计。

各式武器齐全

戈尔什科夫海军元帅级护卫舰不但继承了俄罗斯海军舰艇注重火力的传统，并且还进一步将其发扬光大，该舰上装备了大量多种类、多用途的武器系统。

该级护卫舰在舰艏装有1门具有多面体隐身的130毫米单管全自动舰炮。该舰炮具有很强的对海对岸打击能力，并且还刷新了护卫舰舰炮口径的世界纪录。在舰炮的后方是2组7×2单元的防空导弹垂直发射装置，可填装远程防空导弹或中程防空导弹或短程防空导弹。在舰桥前方配备了2组八联装反舰导弹垂直发射装置，可填装"宝石"超声速反舰导弹或"布拉莫斯"超声速反舰导弹。直升机库结构两侧各有1套弹炮合一近程武器系统，该系统配备2门30毫米舰炮和8枚防空导弹。舰上还配备2具324毫米反潜鱼雷发射装置，可使用鱼雷以及装载鱼雷的反潜导弹。舰艉直升机库和起降平台可搭载1架卡-27/32反潜直升机。

该级护卫舰与以往的俄制舰艇不同，

> 图197 俄罗斯"戈尔什科夫海军元帅"号护卫舰主要武器装备示意图
1-130毫米舰炮；2-防空导弹垂直发射装置；3-反舰导弹垂直发射装置；4-光电态势感知仪；5-14.5毫米机枪；6-反舰导弹火控雷达；7-舰炮火控雷达；8-相控阵雷达；9-搜索雷达；10-导航雷达；11-电子战系统；12-数据链天线；13-卫星通信天线；14-弹炮合一近程武器系统

> 图198 俄罗斯戈尔什科夫海军元帅级护卫舰的相控阵雷达

采用了先进的封闭式主桅，在桅杆上部安装了4块多功能防空相控阵雷达，可同时追踪多个空中和水面目标。主桅顶端安装了一座三坐标平板装的旋转雷达。桅杆前部设置了一座俄制光电雷达舰炮火控系统。舰桥顶部设置了一个具备超视距侦测能力的反舰火控雷达。

该级护卫舰桅杆两侧容纳了3种不同的电子战设备；舰桥顶部两侧各设一台光电态势感知显示系统；舰炮后方和机库两侧都布置有诱饵发射系统；配置"黎明"声呐系统，具有自动追踪目标的能力。

> 图199 俄罗斯戈尔什科夫海军元帅级护卫舰舰后侧视图

第5章　各有特色的国外护卫舰

守护级轻型护卫舰

俄罗斯守护级轻型护卫舰又称20380型护卫舰，是俄罗斯研制的多用途轻型导弹护卫舰。该级护卫舰装备了强大的防空、反潜、火力打击系统，被称为俄罗斯21世纪轻型护卫舰。

守护级轻型护卫舰能对海、对空进行侦测与监视作业，主要用于水面巡逻警戒。引人关注的是，该级舰的舰艉设置了专门存放收缴、捕获非法设施的空间，能根据作战任务需求快速换装武器装备。

守护级轻型护卫舰的主要性能参数

> 图200　俄罗斯守护级轻型护卫舰首舰"守护"号

如下：

性　能	参　数
舰长	104.5米
型宽	11.1米
吃水	3.7米
满载排水量	2 235吨
最大航速	26节
续航力	3 500海里/14节

与西方先进舰体相似的外型特征

守护级轻型护卫舰拥有流畅的舰体，尖瘦的舰艏、方艉、封闭式的上层建筑、内倾斜的外壁等，具备21世纪西方国家主流舰艇的特征。

装备自行研制的燃气轮机

由于苏联的解体，导致俄罗斯的舰艇主机受制于乌克兰。为化解这一困境，俄罗斯新设研究中心研发燃气轮机。守护级轻型护卫舰就安装了俄罗斯自行研制的燃气轮机。

模块化设计能快速换装作战系统

守护级轻型护卫舰虽是轻型护卫舰，还是装备了舰炮、防空、反舰和反潜等复杂的作战系统。模块化的设计方式使该级

> 图201　俄罗斯"机敏"号护卫舰

舰的武备有很强的改装改进空间。因此，守护级护卫舰后续舰的武器配置与首舰"守护"号护卫舰略有不同。

首舰"守护"号护卫舰在舰桥前面布置的是一部"卡什坦"炮弹合一近程武器系统。后续舰为提升防空能力，在这个位置布置的是3组四联装防空导弹垂直发射装置，可发射中程防空导弹和短程防空导弹。

反舰武器是2组四联装SS-N-25反舰导弹发射装置。反潜武器是1部主/被动舰壳声呐、4管固定式324毫米鱼雷发射装置和1架卡-27直升机。

在守护级轻型护卫舰众多探测装备中，值得一提的是该舰的三坐标多功能搜索/追踪雷达。它是一种旋转式相控阵雷达，具备超视距探测能力。

> 图202 俄罗斯"守护"号护卫舰的"卡什坦"炮弹合一近程武器系统

> 图203 俄罗斯守护级护卫舰后续舰的防空导弹垂直发射装置

> 图204 舰艉直升机库、飞行甲板与卡-27直升机

> 图205 俄罗斯守护级护卫舰的桅杆侧视图

英国护卫舰

公爵级护卫舰即23型护卫舰，是英国在冷战高峰期研制的一型远洋多用途护卫舰。由于该级舰的命名均来源于英国的公爵爵位，所以该级护卫舰被世人称为公爵级护卫舰。

为应对来自苏联海军水下的威胁，公爵级护卫舰在早期的设计中被定位为反潜护卫舰，但随着设计的深入，该级舰逐步演化成以反潜为主的多用途护卫舰。该级舰除具备优异的反潜能力外，其防空能力和火力支援能力也十分出色。

该型舰因其造价低廉、操纵简便、性能优异，成为英国皇家海军建造数量最多的主力战舰，并作为骨干力量，承担着支援联合远征作战、投送海上力量等任务，在全球海域守护着大英帝国的利益。

由于公爵级护卫舰的后继者26型护卫舰一再推迟，已在暮年的公爵级护卫舰依旧苦苦支撑着皇家海军的门面。

公爵级护卫舰的主要性能参数如下：

性　能	参　数
舰长	133米
型宽	16.1米
吃水	5.5米
标准排水量	3 556吨
最大排水量	4 267吨
最大航速	28节（燃气轮机推进）/15节（电力推进）
续航力	7 800海里/15节

> 图206　英国公爵级护卫舰

设计方案吸收了战场教训

虽然公爵级护卫舰的实际尺寸和排水量远大于初始设计方案,但是依然小于22型护卫舰。该级护卫舰充分吸取了马岛战争惨痛的教训,在设计和武备配置上使用了大量当时的先进技术。

舰体造型中规中矩

公爵级护卫舰为长艏楼、平甲板舰型,外形中规中矩,大致可分为三部分:艏部为舰桥和武器,舯部为烟囱,艉部为直升机机库和起降甲板。该级舰的艏柱前倾明显,舰艉甲板舷弧较大,干舷较高,十分有利于在恶劣海况下航行。

注重防火

公爵级护卫舰毅然舍弃了易熔易燃的铝合金,采用高强度、耐高温的优质钢材,并涂刷了不易燃烧且无毒的涂料。在马岛战争结束后,还修改了该级舰设计方案,将防火舱壁增加到4个,设5个防火区,各区域之间相互独立。

> 图207 英国大刀级护卫舰

第5章　各有特色的国外护卫舰

> 图208　破浪穿行的英国"兰开斯特"号护卫舰

柴油电机与燃气轮机混合动力系统

公爵级护卫舰采用的是柴油机、发电机与燃气轮机混合动力系统。高速航行时，燃气轮机通过齿轮箱直接驱动大轴；而在使用拖曳声呐的反潜作战时，则以柴油发电机发电，通过电动机来驱动推进器。

英国第一个隐身舰艇案例

该级舰的舰体外倾10度，而上层建筑的侧壁则内倾斜约7度，并且整个上层建筑的尺寸和层高都较小。舰体、主炮、烟囱及直升机机库均采用多面体的设计，分散雷达反射波，减少反射的雷达波强度。

大刀级护卫舰

大刀级护卫舰，即22型护卫舰，为英国皇家海军在20世纪70年代推出的大型多用途远洋护卫舰。该级舰满载排水量4 800吨，与同期的42型驱逐舰相当。该级舰共造14艘，于2011年退出英国皇家海军编制，并转售于巴西、罗马尼亚和智利等国。

> 图209 英国公爵级护卫舰模型图

> 图210 英国公爵级护卫舰动力系统图
1—舰艇控制中心；2—打印机；3—柴油发电机；4—冷却水设备；5—电动发电机；6—辅助机械设备；7—配电盘和次级控制；8—燃气轮机；9—变速箱；10—电动机；11—转换器

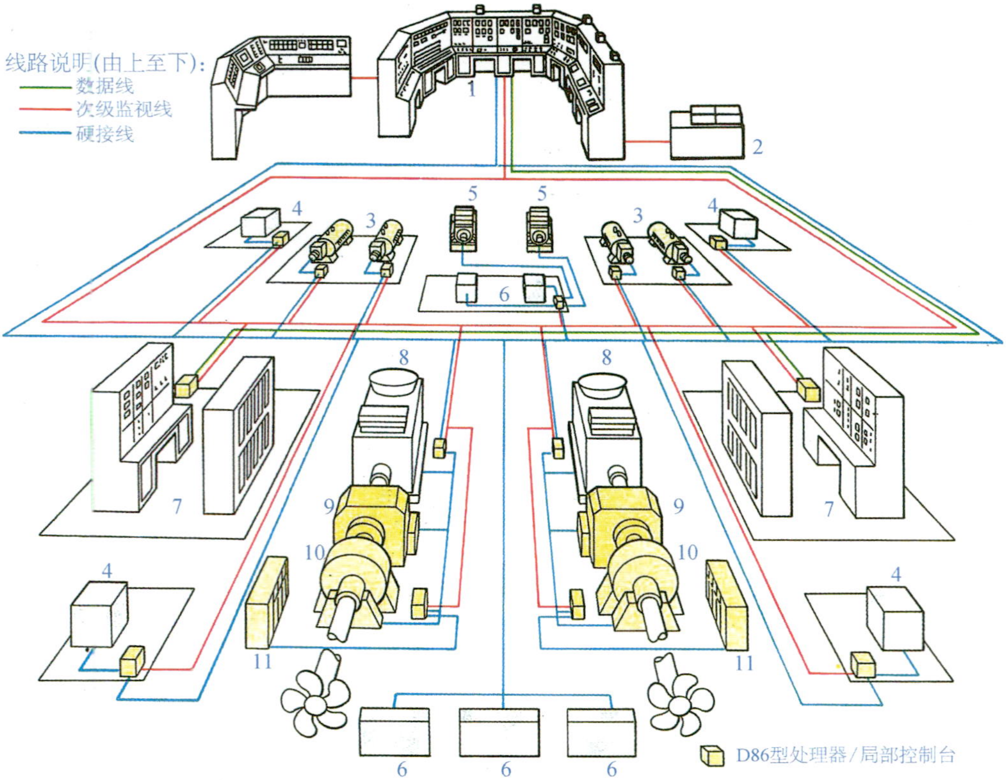

> 图211 英国公爵级护卫舰发射"海狼"防空导弹

在主机和辅机的排气口，设有降温系统，减少了烟囱排气的红外特征。

公爵级护卫舰还对动力装置采取了多种减振降噪措施。为降低螺旋桨空泡产生的噪声，在螺旋桨与两侧减摇鳍等部位也有气泡喷射系统，以气幕阻隔并降低噪声辐射。

反潜好手

公爵级护卫舰拥有齐全而强大的武器装备，以反潜著称。

防空方面，公爵级护卫舰最主要的防空自卫武器为"海狼"防空导弹垂直发射系统，共有32管，提供相当强大的近程防空自卫能力。

公爵级护卫舰还装备了双联装的30毫米防空舰炮，这也是根据马岛战争的经验而加装。在马岛战争中，英国皇家海军发现只要以舰炮对阿根廷战机发射曳光弹，

> 图212 英国公爵级护卫舰发射"鱼叉"反舰导弹

> 图213 英国公爵级护卫舰的舰艉声呐

能大大地干扰其投弹，从而降低其命中率。

反舰武器方面，公爵级的舰艏装有1门4.5英寸自动舰炮，对海射程22千米，对空射程6千米；此外，垂直发射装置与舰桥之间装有2组四联装"鱼叉"反舰导弹发射装置。

反潜武器方面，公爵级护卫舰的舰艏装有主/被动舰壳声呐，具有良好的浅水探测能力。前11艘本级舰（F-229～F-239）装有低频被动拖曳阵列声呐，可以10节航速牵引拖曳声呐进行作业，搜索水下潜艇。该级舰还配置有2具三联装324毫米鱼雷发射装置，可发射英国的"黄鲷鱼"轻型反潜鱼雷。舰艉可搭载一架"超山猫"MK8反潜直升机或"梅林"MK1重型反潜直升机。

德国护卫舰

北约的NHF-90新世代舰艇建造计划失败后，德国、荷兰、西班牙三国为应对海上作战发展形势，提出了"三国共同护卫舰计划"。根据计划，德国海军便发展了萨克森级护卫舰，又称F-124型护卫舰。

> 图214　德国萨克森级护卫舰"萨克森"号

> 图215 德国萨克森级护卫舰"黑森"号

萨克森级护卫舰主要性能参数如下：

性能	参数
舰长	144.2米
型宽	18.8米
吃水	5.2米
满载排水量	6 145吨
最大航速	28节
续航力	5 000海里/18节

X形舰体横截面和V形的烟囱格外别致

萨克森级护卫舰继承了MEKO A系列护卫舰的血统，采用类似的横截面为X形的舰体和V形的烟囱。此外，该级护卫舰与勃兰登堡级（F-123型）护卫舰颇为相似，但萨克森级护卫舰更长，隐身性更好。

高海况的航行能力

萨克森级护卫舰的舰体具有型深大、干舷高和储备浮力大等特点，同时还装有

三国共同护卫舰计划

三国共同护卫舰计划是指1994年1月，德国、荷兰、西班牙签订的一个为降低护卫舰研制成本的共同设计备忘录。具体内容包括尽可能增强设计共通性、共同使用作战系统、一起分摊研发经费、共同采购等5项内容。该计划造就了德国的萨克森级护卫舰、荷兰的七省级护卫舰和西班牙的阿尔瓦罗·巴赞级护卫舰。

萨克森级护卫舰为德国海军采用模块化设计的水面舰艇，满载排水量近6 000吨，也是德国海军现役的最大战舰。该级护卫舰的主桅上装备有小型的相控阵雷达，配备有可发射标准2型和ESSM型防空导弹MK41垂直发射系统，具有很强的防空能力。

> 图216 德国萨克森级护卫舰"汉堡"号

先进的舰体稳定系统,以降低横摇和纵摇角度。该级护卫舰是德国海军稳性和适航性最好的护卫舰,可在8级海况下安全航行。

重点在防空,与前辈略有不同

萨克森级护卫舰的舰面武器布置与勃兰登堡级护卫舰相似,但略有不同。

萨克森级护卫舰在舰炮后面装有"拉姆"近程防空导弹,并在舰桥前面装有4组八联装MK41垂直发射模块。

萨克森级护卫舰鱼雷发射装置也与勃兰登堡级护卫舰不同,为传统的三联装MK32鱼雷发射装置。

萨克森级护卫舰舰艉设有2个机库和直升机飞行甲板,可搭载2架Lynx-88"超山猫"反潜直升机或2架新型的

第5章 各有特色的国外护卫舰 147

> 图218 德国萨克森级护卫舰舰艏"拉姆"近程防空导弹与MK41垂直发射装置

> 图217 航母战斗群中的萨克森级护卫舰

MEKO A系列护卫舰

MEKO A系列护卫舰是德国在21世纪初开发的MEKO家族新系列护卫舰。MEKO家族护卫舰以模块化设计著称,被称为搭积木式的护卫舰,在造价、维护和性能改进等方面有很强的优势。

> 图219 德国萨克森级护卫舰鱼雷发射装置

> 图220 飞行甲板图

NFH-90中型反潜直升机,这与勃兰登堡级护卫舰相同。

萨克森级护卫舰配备了德国海军的第一型分布式作战系统,采用数字化的通信方式与各侦测、武器系统连接。该级舰的主桅上安装了光电侦测/舰炮射控系统,相控阵雷达塔的顶端为搜索雷达和卫星导航系统等设备。

> 图221 德国萨克森级护卫舰的主桅杆

西班牙护卫舰

阿尔瓦罗·巴赞级护卫舰是西班牙继日本后，装备有美国宙斯盾系统的水面舰艇，也是世界上第4型装备宙斯盾系统的舰艇。该级舰起源于德国、荷兰、西班牙的三国共同护卫舰计划，又称为F-100型护卫舰。

阿尔瓦罗·巴赞级护卫舰犹如麻雀一样，虽小但五脏俱全，分散式战斗系统与MK41垂直发射系统使其具有强悍的战斗力，可担当起舰队防空中枢和特遣舰队旗舰等重要角色。

阿尔瓦罗·巴赞级护卫舰主要性能参

(a)

(b)

(c)

> 图222　西班牙阿尔瓦罗·巴赞级护卫舰

数如下：

性能	参数
舰长	146.4米
型宽	18.6米
吃水	7.2米
满载排水量	5 947吨
最大航速	28节
续航力	4 500海里/18节

堪称缩小版的阿利·伯克级驱逐舰

阿尔瓦罗·巴赞级护卫舰在继承了西班牙传统造船风格的同时，还采用与阿利·伯克级驱逐舰十分类似的设计与布置方式。该级舰外型细长优美，适航性好，舰体外壁圆滑平整以加强隐身能力。

多手段提升隐身性能

它采用无尖锐棱角的内倾斜造型降低雷达波发射面积，排气冷却系统降低红外辐射信号，使用弹性基座与弹性连接头降低振动与噪声，主动消磁以降低舰体磁信号。

小型化的阿利·伯克级

阿尔瓦罗·巴赞级护卫舰的武器配备与阿利·伯克级驱逐舰几乎相同：整套的宙斯盾系统、48单元MK41垂直发射装置，1门127毫米口径的舰炮，2座双联装324毫米轻型鱼雷发射装置，1门上下两排共12管的20毫米近防炮；同时，舰上还配备一架"SH-60B海鹰"多用途直升机。

依照西班牙海军的配置，阿尔瓦罗·巴赞级护卫舰的48管MK41垂直发射装置可装

> 图223 阿尔瓦罗·巴赞级护卫舰与"罗斯福"号航空母舰

第5章 各有特色的国外护卫舰　　153

> 图224　从舰艏看阿尔瓦罗·巴赞级护卫舰

> 图225　从舰艉看阿尔瓦罗·巴赞级护卫舰

> 图226　美国阿利·伯克级驱逐舰

阿利·伯克级驱逐舰

阿利·伯克级驱逐舰是美国研制的驱逐舰，装有4面相控阵雷达，掀起了防空驱逐舰发展新篇章，一直被世界各国模仿，也是当前世界上建造数量最多的一级驱逐舰。

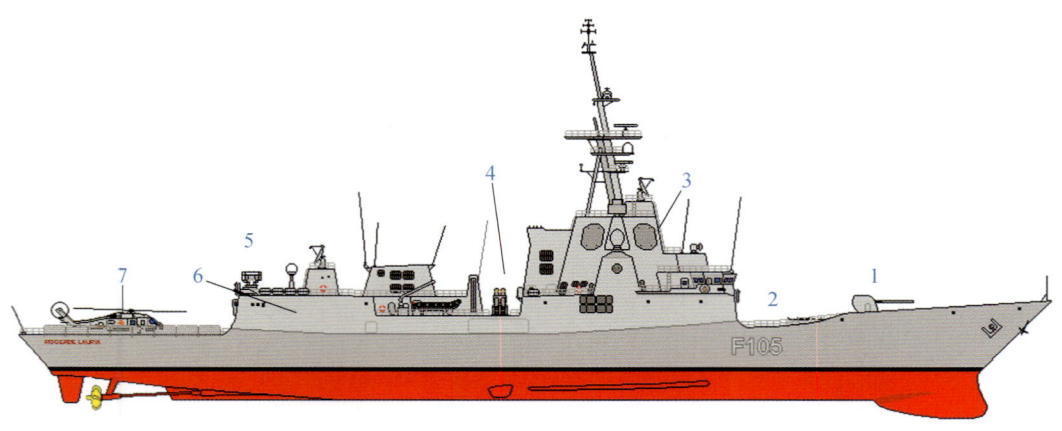

> 图227　西班牙阿尔瓦罗·巴赞级护卫舰基本配置图
1—127毫米舰炮；2—MK41垂直发射装置；3—SPY-1D相控阵雷达；4—"鱼叉"反舰导弹倾斜发射装置；5—马洛卡近防舰炮/导弹武器系统；6—双联装324毫米轻型鱼雷发射装置；7—"SH-60B海鹰"多用途直升机

填40枚标准SM-2防空导弹与战斧巡航导弹，其他8管则装填1管4枚的ESSM短程防空导弹（共32枚），或者将ESSM的数量增为64枚、标准SM-2/战斧导弹数量减为32枚。

在原计划中，该级护卫舰机库上方有一具西班牙自制的马洛卡近防舰炮武器系统（采用12管20毫米机炮），但实际服役时仍未配置。

该级护卫舰的宙斯盾系统除了美国原装的相关装备之外，还整合了西班牙的复合式雷达/光电舰炮火控系统、反潜火控系统等。

> 图228　西班牙阿尔瓦罗·巴赞级护卫舰舰艏主炮及垂直发射系统

第5章 各有特色的国外护卫舰

> 图229 西班牙马洛卡近防舰炮武器系统

法国护卫舰

拉法耶特级护卫舰是法国研制的远洋巡逻护卫舰，该级护卫舰衍生出不少外销型护卫舰，先后出口到沙特阿拉伯、新加坡等国家与地区，中国台湾地区也购买了4艘。

拉法耶特级护卫舰是全球最早从舰体外形开始进行隐身设计的护卫舰，对后续各国研制军舰产生了深远的影响。

拉法耶特级护卫舰主要性能参数如下：

> 图230 法国拉法耶特级护卫舰

性　　能	参　　数
舰长	124.2米
型宽	15.4米
吃水	5.8米
标准排水量	3 353吨
满载排水量	3 810吨
最大航速	25节
续航力	7 000海里/15节 9 000海里/12节

> 图231 破浪前行的拉法耶特级护卫舰

隐身化舰体设计

拉法耶特级护卫舰拥有异于以往水面舰船的舰型外观，轮廓简单、外型简洁。刻意的内倾斜式设计，有效地控制和减少了雷达波的反射面积，使敌方不易在某个方向持续获得完整的雷达回波。同时，该级舰还抛弃了隐身性能差的桁架式桅杆，采用了具有隐身能力的倾斜造型的合成桅杆。

舰面十分简洁干净

拉法耶特级护卫舰的小艇、反舰导弹、锚及系留设备等全部布置在舰体内部，所以该级舰的舰面十分简洁干净。

> 图232 法国拉法耶特级护卫舰的艏向视图与艉向视图

> 图233 停靠在直布罗陀的拉法耶特级护卫舰

自持力实足

拉法耶特级护卫舰能储存足够的供直升机使用航空煤油，舰上的淡水机每天能制造36吨淡水，舰上备件的数量能支持6个月的维修需求。

武器布局毫无杂乱感

拉法耶特级护卫舰作战系统布局适中，无拥挤杂乱之感。

对海武器：主要为1门100毫米自动炮和配弹8枚的2座四联装"飞鱼"反舰导弹发射装置。此外，直升机携带空中发射的"飞鱼"导弹也可执行反舰任务。

防空武器：主要为2座八单元"紫菀"防空导弹垂直发射装置和1座"达盖"10管诱饵发射装置；此外，100毫米舰炮也

> 图234 法国拉法耶特级护卫舰舰艏主炮

> 图235 法国拉法耶特级护卫舰反舰导弹发射

具有一定的防空能力。

反潜：主要靠直升机携带吊放式声呐、声呐浮标和反潜鱼雷执行反潜任务；该级舰派生出反潜型装备有舰壳声呐、拖曳式线列阵声呐、鱼雷诱饵系统等反潜装备。

> 图236 法国拉法耶特级护卫舰机库和直升机甲板

印度护卫舰

什瓦里克级护卫舰是以俄罗斯专为印度海军设计建造的塔尔瓦级护卫舰为母型改进放大而来的。该级舰是印度海军研制的第一型大型隐身护卫舰，虽国产化率达60%，但集东西方技术于一身，是十足的"混血儿"。

什瓦里克级护卫舰原计划建造12艘，但印度国会最终只批准了3艘，都以山脉名命名。该级护卫舰采用了模块化的设计理念，集成了多国的先进技术，整体作战能力有很多过人之处，遗憾的是没有配备当今主流的垂直发射装置。

小贴士

什瓦里克级护卫舰的命名

首舰"什瓦里克"号护卫舰以位于印度和尼泊尔交界处的什瓦里克山命名。"萨特普拉"号护卫舰以印度德干半岛西北部的萨特普拉山命名。"沙海亚椎"号护卫舰以印度西海岸的沙海亚椎丘陵命名。

> 图237 印度什瓦里克级护卫舰

什瓦里克级护卫舰主要性能参数如下：

性　　能	参　　数
舰长	143米
型宽	17.5米
吃水	5.3米
标准排水量	4 674吨
满载排水量	6 299吨
最大航速	30节
续航力	4 500海里/18节 1 600海里/30节

有俄罗斯血统

什瓦里克级护卫舰的母型船是11356型塔尔瓦级护卫舰，舰体造型与舰面布置均呈现出俄式舰艇的特点。但是什瓦里克级护卫舰的主尺度比塔尔瓦级护卫舰要大不少，其满载排水量达6 200多吨，与某些驱逐舰的排水量相当。

青出于蓝胜于蓝的隐身性

在隐身性设计方面，什瓦里克级护卫舰借鉴了法国舰艇的设计经验。该级护卫舰舰体内倾、整洁光滑，舰面武器、设备布置成隐蔽式，减少了不少雷达波反射面积。此外，在红外隐身和噪声隐身方面下了不少功夫，其隐身性能比塔尔瓦级护卫舰提升很多。

航行与动力性能优越

什瓦里克级护卫舰的稳性和耐波性都不显著，适合远海和高海况下航行。由于

第5章 各有特色的国外护卫舰

> 图238 印度塔尔瓦级护卫舰

> 图239 印度什瓦里克级护卫舰的舰艏

塔尔瓦级护卫舰

塔尔瓦级护卫舰是俄罗斯专为印度海军设计建造一型多用途护卫舰。该级护卫舰满载排水量约4 000吨，装备、天线布置的比较张扬，但为印度海军首型有隐身舰体的水面舰艇。

主机改用了美国的LM-2500燃气轮机，使其具有与同类舰艇相比更为优越的动力性能。

万国牌的作战系统

什瓦里克级护卫舰虽是印度自行研制的水面舰艇，但受制于印度自身的工业基础能力，该级护卫舰由法国国有船舶制造企业负责整合战斗系统，装满了各国的武器装备，如意大利的奥托·梅莱拉76 mm舰炮、俄罗斯的SA-N-7/12防空导弹、俄印联合研制的布拉莫斯超声速反舰导弹或者俄罗斯的SS-N-27俱乐部反舰导弹。

舰上的通信系统由印度自行提供。主桅杆顶端配备一具与塔尔瓦级护卫舰相同的对空搜索雷达，后桅杆装备一具以色列STAR2三坐标对空搜索雷达，导航系统为一套I频导航雷达。

> 图240 印度什瓦里克级护卫舰的舰炮、防空导弹发射架与桅杆

第6章
近海护卫神兵

护卫舰

近海，指距陆地较近的海域，具有水深较浅的特点。一般大型舰艇在这片海域难以施展其"十八班武艺"，活动较少。所以各国或多或少地发展了一些如猎潜艇、导弹护卫艇及巡逻舰之类的近海舰艇，作为其领海最后的守护屏障。一些实力相对弱小的国家因其战略方针的不同及财力所限，发展海军的同时采购了不少近海舰艇。本章将向读者介绍几型中国和外国的典型近海护卫舰艇。

海南级猎潜艇

海南级猎潜艇是中国自行设计建造的小型猎潜艇。在海南级猎潜艇服役的40多年岁月里，该型艇衍生出了多种型号的变种，如猎潜艇、导弹护卫艇、交

> 图241　挂上满旗的海南级猎潜艇

第6章 近海护卫神兵

> 图242 海南级猎潜艇侧视图和俯视图

通艇、医疗艇等，成为多种型别的系列舰艇。

海南级猎潜艇主要用于近海搜索和攻击潜艇、执行巡逻护航、布雷等任务。该艇主要装备的武器以反潜装备为主，有舰炮、火箭式深水炸弹发射装置、大型深水炸弹发射装置、投掷架和水雷等。

常规艇型，干舷较低

海南级猎潜艇采用了平甲板常规排水型艇体，干舷较低，艇艏略带脊弧。

上层建筑简单

海南级猎潜艇的上层建筑较为简单，主要集中于艇舯部，共三层，生活、作战、指挥等舱室一应俱全。

舷侧排气

海南级猎潜艇采用舷侧排气，不另设烟囱，在后续舰艇上加装了电遥控装置，有效减轻了舰员的工作强度。

作战武备重视对海与反潜

海南级猎潜艇前后各装1门可发射曳光杀伤榴弹和曳光穿甲弹双联装的37毫米

> 图243 海南级猎潜艇护卫舰

小贴士

猎潜艇

猎潜艇，即执行反潜任务的护卫艇，是在潜艇问世后研发的一种专门用于搜索、攻击潜艇的小型战斗舰艇。此外，猎潜艇还能执行巡逻、警戒、护渔、护航等任务。

> 图244 海南级猎潜艇的舰艏武器布置

舰炮,用于打击水上目标和空中目标。此外,还装备有2门25毫米双联装舰炮和水面搜索雷达。

反潜方面,海南级猎潜艇在舰艇舯部配置了1部小型升降声呐,艇艏布置了4座五联装火箭式深水炸弹发射装置。艇艉还设有2门深水炸弹发射炮,可向两舷发射定深爆炸的深水炸弹。

此外,海南级猎潜艇还具有水雷作战能力,在艇艉布置了有2条水雷布放轨道,用于布放水雷。

> 图245 正在发射火箭式深水炸弹的海南级猎潜艇

第6章 近海护卫神兵

红箭级导弹护卫艇

红箭级导弹护卫艇是中国专为进驻香港研制的一型舰艇，于1997年7月1日6时进驻香港昂船洲海军基地，见证了香港回归。

红箭级导弹护卫艇虽为常规排水艇型，但全封闭设计，具备一定隐身能力，可对抗敌方1 000吨级的舰艇，担负起中国香港守卫任务。

> 图246 正在执行任务的红箭级导弹护卫艇

虽为常规艇型,但有隐身能力

红箭级导弹护卫艇虽为常规艇型,但其上层建筑两侧微微内倾,后缘呈阶梯形设计,具有较好的隐身能力。

舷侧排气,红外隐身强

红箭级导弹护卫艇的动力系统虽为3台大功率柴油机,但其排烟管在艇体水线以上的两侧同时使用了水雾降温装置,提升了该艇的红外隐身能力。

体态虽小,貌不惊人

红箭级导弹护卫艇在艇艏布置了1门双管37毫米自动炮,在艇艉还纵列布置了2门双管30毫米的自动炮。这两种舰炮都为全封闭式的炮塔,可遥控自动攻击目标。

反舰方面,红箭级导弹护卫艇最引人注目的是,该艇舯后部甲板上布置了

> 图247 停靠在码头的红箭级导弹护卫艇"番禺"号

第6章 近海护卫神兵

> 图248 航行中的导弹护卫艇

> 图249 三联装反舰导弹发射架

2座"品"字形的三联装反舰导弹发射装置。

红箭级导弹护卫艇在舰桥上方和主桅顶部等部位装有多用途搜索雷达、火控雷达,可同时搜索、跟踪、引导舰炮、反舰导弹攻击多个空中、海上目标。

> 图250　演习中发射导弹的红箭级导弹护卫艇

红稗级导弹艇

红稗级导弹艇是2004年开始研制的新一代人民海军导弹快艇。红稗级导弹艇是世界上第一型采用高速穿浪式艇设计的导弹快艇。

双体穿浪高速船型的红稗级导弹艇具有机动性好、隐身性好、火力强大等优

> 图251 红稗级导弹艇

势,在近海作战中有很强的威力。

双体穿浪艇型

红稗级导弹艇船型非常特别,是中国首次采用该船型研制的水面舰艇。

海洋迷彩、隐身造型

无论是造型还是色彩,红稗级导弹艇都采用了隐身设计。红稗级导弹艇同人民海军其他舰艇最大的不同是舰体涂刷了具有隐身特效的海洋迷彩。

采用喷水推进装置

红稗级导弹艇采用了喷水挂进装置,所以该艇拥有优异的机动性能。

作战系统以反舰为主

在红稗级导弹艇的艇艉沿纵向布置了2座反舰导弹发射装置。

在红稗级导弹艇艇艏配置了一门类似于俄罗斯AK-630近防炮的小口径多管炮;在驾驶室的前方,还装有干扰弹发射

护卫舰

> 图252　高速航行中的红稗级导弹艇

> 图253　喷水推进装置特写

> 图254 红稗级导弹艇发射导弹

> 图255 红稗级导弹艇上的舰炮

> 图256 红稗级导弹艇的桅杆

装置。

在红稗级导弹艇的舰桥顶端和主桅上，安装有对空/平面搜索雷达、航海雷达、红外线热影像仪、电子侦察装置、数据链的天线等先进的搜索、导航、通信设备。

维斯比级轻型护卫舰

维斯比级轻型护卫舰是北欧国家瑞典研制的一型用于防止外敌入侵的护卫舰，其排水量仅630吨，该级舰也被称为巡逻舰。

维斯比级轻型护卫舰是世界上第一型采用复合材料建造的水面战斗舰艇，隐身

> 图257 瑞典维斯比级轻型护卫舰首舰"维斯比"号

舰炮、综合桅杆、内藏式设计，使得其成为世界全面隐身舰艇的先驱，连超级大国美国也十分羡慕。该级舰虽小，但装备齐全，具有反潜和水雷战能力。

维斯比级轻型护卫舰主要性能参数如下：

性　　能	参　　数
舰长	73米
型宽	10.4米
吃水	2.4米
满载排水量	630吨
最大航速	35节

世界全面隐身舰艇的先驱

虽然在维斯比级轻型护卫舰研制之前，法国就研制出了全球首款隐身舰艇拉法耶特级护卫舰，但维斯比级轻型护卫舰极端简洁的线条轮廓、大角度倾斜的造型、一体式的上层建筑、隐身的舰炮、艉部的隐藏式排气口等更加新颖的隐身设计，使其成为全面隐身舰艇的先驱。

优良的机动性能

维斯比级轻型护卫舰的最高航速可达35节，采用泵喷推进装置，不仅拥有很强的机动能力，还特别适合波罗的海的近岸浅水航行。

复合材料的舰体

维斯比级轻型护卫舰的主要建造材料是重量轻、低磁性、耐锈蚀的玻璃纤维强化树脂，而不是传统舰艇的碳素钢或铝合金等材质。但是，玻璃钢材料的耐热性能不如钢材，燃烧时会产生大量有毒气体。

护卫舰

> 图258 瑞典维斯比级轻型护卫舰三视图

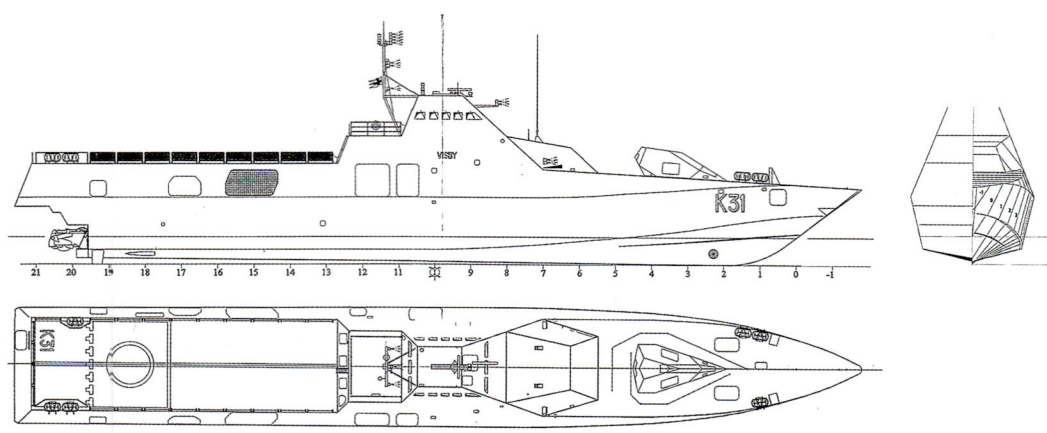

> 图259 高速航行中的瑞典维斯比级轻型护卫舰

> 图260 瑞典维斯比级轻型护卫舰推进装置

一切为了隐身的作战系统

维斯比级轻型护卫舰的作战系统设计和布置可谓一切从隐身角度出发，为了隐身而隐身。

提到维斯比级轻型护卫舰的作战系统，就不得不说该级护卫舰装备的一门拥有隐身造型的新型的博福斯57毫米舰炮。该舰炮在不使用时，炮管可折入炮塔中，盖上盖子后能大大减少雷达波的反射面积。这种设计在后来的美国DDG1000驱逐舰上也有所体现。

维斯比级轻型护卫舰的主要使命任务是反潜与水雷战，所以在左右舷侧内布置有遥控水下无人航行器、海狐式遥控布雷装置、水雷识别与排除装置等武器装备。

平时，维斯比级轻型护卫舰的舰桥后面会安装一个装有若干灯具的能快速拆卸的桅杆；战时，该桅杆将被收起。

> 图261 瑞典维斯比级轻型护卫舰主炮打开状态

> 图262 演练中的瑞典维斯比级轻型护卫舰

> 图263 瑞典维斯比级轻型护卫舰主桅杆后的快拆式桅杆

> 图264 瑞典维斯比级轻型护卫舰桅杆收起状态

第7章 未来的护卫舰

近年来，护卫舰在其作战使命上正在发生着微妙的变化。当前护卫舰主要用于低端的作战行动，但是随着各种新技术的运用和新设备的装备，护卫舰正在回归战略前沿，逐步被许多国家的海军认为是作战的主力。护卫舰将承担更多的任务，面对更高端的作战风险。那么，随着护卫舰新的作战需求和科技的发展，护卫舰将向何处发展？将有哪些变化？其发展趋势又是怎样的呢？

舍我其谁的多用途全能战舰

虽然当前的护卫舰主要用于反潜、反舰、防空、护航等任务，但随着海军作战方式的改变，新技术、新船型的出现，护卫舰更趋于多用途化，逐步显现出一种全能战舰的发展态势。

美国海军最新公开其未来的护卫舰发展细节表明，美国未来的护卫舰将具有超视距反舰、反潜、护航、电子战、情报收集等作战能力。这些要求与现役的濒海战斗舰的作战能力需求有着显著的差异，可见美国海军在要求其护卫舰回归传统的同时，还要求其能担负更多的作战任务。

作为未来的水面作战舰，英国皇家海军于2017年7月20日开工建造的26型护卫舰，大胆地进行了许多新概念的设计与探索。目前，英国将26型护卫舰的使命任务定义为：担负主力舰队高烈度反潜作

> 图265　美国未来护卫舰模型

战、对陆打击、远洋反水雷、护航、火力支援、情报搜集、巡逻监视等作战任务，并要承担人道救援、灾难救助等非作战任务。由此可见，26型护卫舰将是一名全能战士，是英国皇家海军的新希望。

英国31E型护卫舰的使命任务被定义

第7章 未来的护卫舰 | 185

> 图266 美国海军自由级濒海战斗舰

> 图267 美国未来护卫舰模型的上层建筑

小贴士

濒海战斗舰

濒海战斗舰是美国海军在"冷战"结束后，着眼于在敌方沿岸水域执行任务的新战术要求，而研制的可执行由海向陆投送武器与兵力的水面战斗舰艇。濒海战斗舰有自由级和独立级两型舰艇，其中独立级为三体船型。

> 图268 美国海军独立级濒海战斗舰

> 图269 英国26型护卫舰效果图

> 图270　英国31E型护卫舰效果图

为处置海上安全、远洋巡逻、保持武力。根据设计方案，31E型护卫舰将配置一门76毫米的舰炮、12枚防空导弹、8枚反舰导弹和1座近防武器系统等先进武器。

近十几年来，俄罗斯海军发展缓慢，但其海军也对未来水面舰艇寄予巨大的希望。俄罗斯国防部长表示，护卫舰将是俄海军未来主力战舰，有多用途的任务。

科幻十足的新船型

伴随着护卫舰使命任务的扩展,护卫舰应具备更大的灵活性和更强的综合能力,那么护卫舰舰体平台的能力也将进一步提升,航速、操纵性、耐波性显得日益重要。对于5 000吨以下的常规船型来说,要从根本上改善其平台性能,从而提升作战能力是难以办到的,需要另辟蹊径。因此,一些超越传统的、具有科幻特色的新船型设计方案不断涌现。

在2015年圣彼得堡国际海事防务展上,俄罗斯公开展出了一款三体护卫舰模型。该舰造型科幻,一经披露就引起了广泛关注。

在2019年阿布扎比国际海事防务展上,中国公开展出的一款三体护卫舰模型引起了轰动。该舰造型独特,可以与美国独立级护卫舰媲美。

法国计划研制的新一代FTI型护卫舰的设计也十分科幻,具有流畅的线型和舷侧的折角线,独特的后倾穿浪式舰艏,与现役护卫舰的飞剪型有所不同。

> 图271 俄罗斯三体护卫舰效果图

第7章 未来的护卫舰

> 图272 中国三体护卫舰模型

> 图273　法国FTI型护卫舰

第7章 未来的护卫舰 191

> 图274 法国FTI型护卫舰模型

新颖的动力推进系统与装置

护卫舰的动力系统目前多采用全燃气轮机、柴油机-燃气轮机或电动机-燃气轮机联合动力装置。但未来护卫舰有可能采用综合电力推进系统。综合电力推进将是舰艇动力系统的又一次重大革新，将替代现行的机械传动方式，被称为舰艇动力推进方式的"海上革命"。

综合电力推进系统是将舰船动力电站和辅机电站合二为一的新型舰艇推进系统，能提高能源利用率、舰船机动性、舰员居住舒适性，同时降低机械噪声。

虽然现在有一些轻型护卫舰已经装配了喷水推进装置，但是在大型护卫舰上装配喷水推进装置还是很少见的。由于喷水推进装置具有吃水浅、噪声和振动较小、日常保养及维护方便等优点，逐步成为护卫舰流行的推进方式。

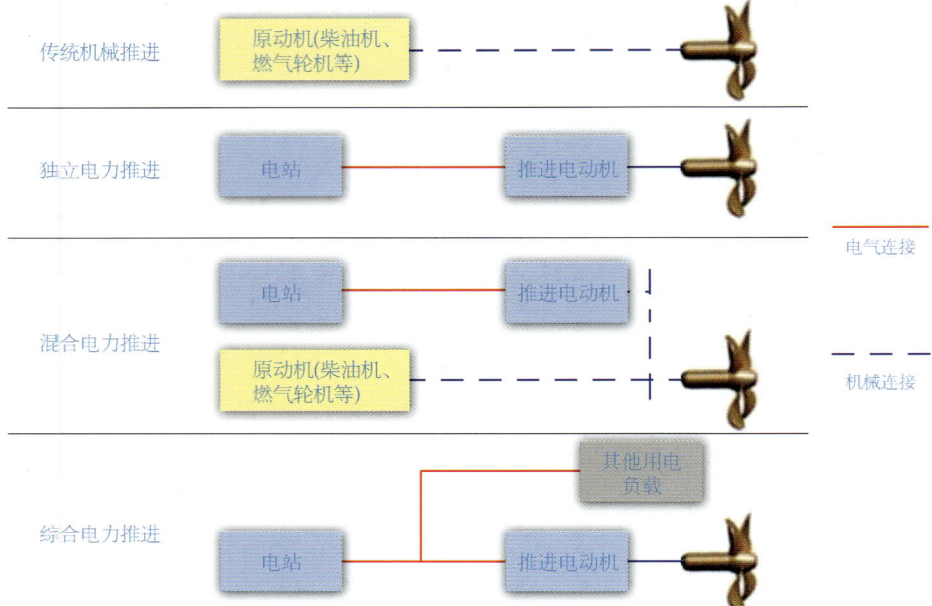

> 图275 各种推进系统示意图

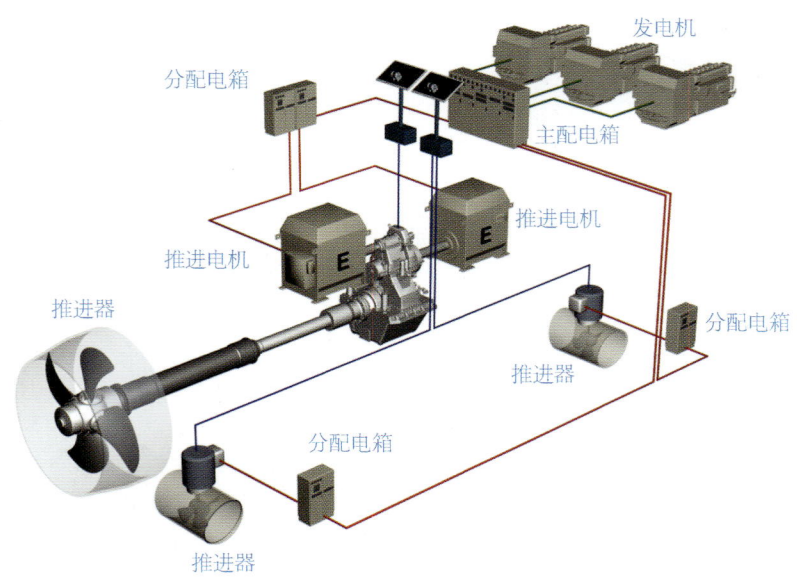

> 图276 电力推进系统示意图

第7章 未来的护卫舰

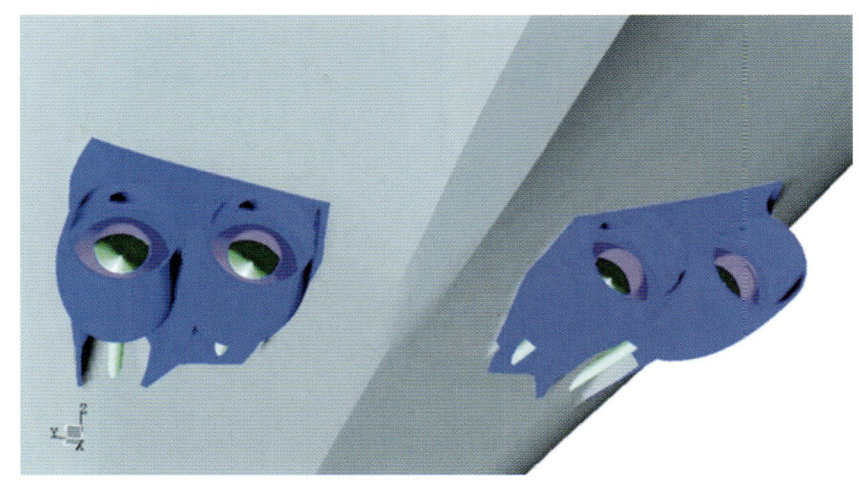

> 图277 德国HTX-3000护卫舰的喷水推进装置效果图

配备先进武器系统

随着电子技术的发展，护卫舰的武器系统不断革新。护卫舰的舰载武器系统采用大规模集成技术后，将日趋小型精巧、快速灵敏、威力强大、经济可靠、先进齐全。

着垂直发射技术的日益成熟，护卫舰舰艏的舰炮正逐步放弃大口径而采用中、小口径。法国FTI型护卫舰计划装配一门76毫米或127毫米隐身舰炮；英国的26型舰艏将配备一门中等口径舰炮。

舰炮——中、小口径

舰炮是护卫舰传统的防御武器。舰艇的舰炮担负着对舰攻击、对岸攻击、火力支援等任务。小口径炮因其射速高，具有很高的穿透力，用于护卫舰近程防御。随

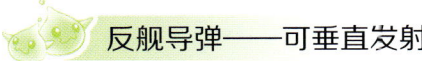

反舰导弹——可垂直发射

护卫舰对海攻击的主要武器是反舰导弹。反舰导弹的射程已达80～120千米。舰上导弹发射装置有箱形、桶形等，为了减轻重量、减少空间、节省费用和缩短反

> 图278 英国26型护卫舰的127毫米舰炮

> 图279 圣彼得堡国际海事展上的3R-14 UKSK发射系统模型

应时间,未来护卫舰的导弹发射方式趋向于垂直发射。如俄罗斯新研制的通用舰载发射系统,可发射防空导弹、巡航导弹、反舰导弹和反潜导弹等多型导弹。

舰空导弹——战力更强

应用大规模集成化的电子设备后,未来护卫舰有可能装备"宙斯盾"之类的先进武器系统。这种系统原本装备在美国的巡洋舰和大型驱逐视上,能同时对付上百个来袭的空中目标。近、中程舰空导弹仍将是未来护卫舰的重点防空武器。

反潜武器——配多种反潜手段

随着先进常规/核动力潜艇的快速发展,水面舰艇面对的水下威胁大大增加。因此,未来护卫舰将配置反潜鱼雷、反潜导弹和反潜直升机等近、中程相结合的多种反潜装备,抵御来自水下的威胁。法国FTI型护卫舰计划配置反潜鱼雷发射装置、舰载反潜直升机和小型主/被动拖曳线列阵声呐等多种反潜武器装备。

高能武器

激光武器和粒子束武器已进入实用化的研究阶段,有许多突出的优点,但技术上的难度也很大。到21世纪中期以后,这种先进武器有可能用在护卫舰上。美国海军计划在其未来的护卫舰方案上采用激光炮、电磁炮等武器设备。

> 图280 拖曳线列阵声呐

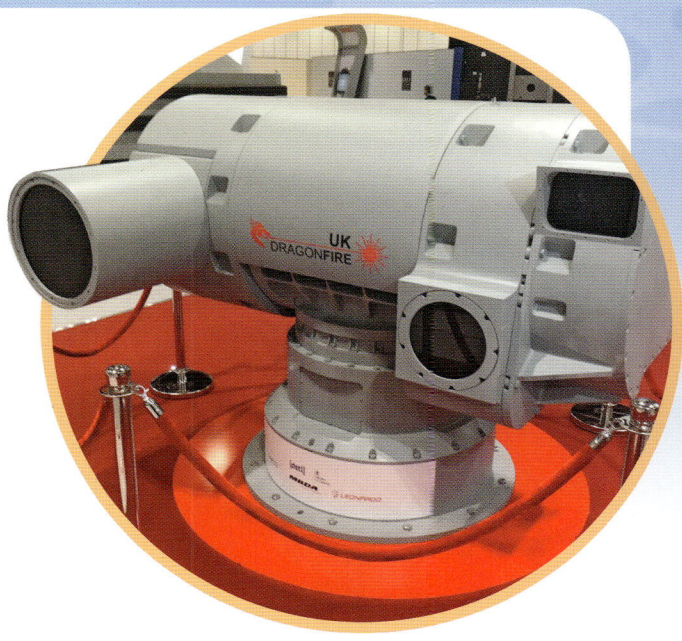

> 图281 激光炮

综合桅杆

现代舰艇的电子信息设备越来越多，随之带来的布置和电磁干扰等问题，给设计师们添加了不少难题。目前，综合桅杆的技术发展已趋成熟，在未来综合桅杆也将是护卫舰的标配，如荷兰级巡逻舰装配的是泰利斯公司的I-MAST综合桅杆。

> 图282 I-MAST桅杆剖视图

未来海战模式的改变者

智能化与无人化

21世纪是人工智能的世纪，一些军事专家预言，未来海战将是智能装备崭露头角的天地。人工智能将对未来海军的力量结构、作战方式、作战原则等各方面产生深远的影响，甚至将改变未来海战的作战模式。

一方面，舰艇自身的智能化水平提高，未来护卫舰将装配大量的感知设备和智能化水平更高的全舰综合平台管理系统，将具有感知能力、智能控制与决策能力、自适应与学习进化能力，不断降低对外界信息的反应时间，提升智能化水平，提高护卫舰的作战效能。

另一方面，不同于有人装备，无人装备具有自主智能、人工操作少、目标小等优点，可在舰艇的附近及编队外围进行侦察、打击、信息中继等任务。随着无人装备的激增，护卫舰作为海军重要的水面作战力量和重要作战平台，将担负起无人机、水面无人艇和水下无人航行器的前沿

> 图283 智能护卫舰想象图

> 图284　FTI型护卫舰与无人机效果图

> 图285　护卫舰与无人艇作战想象图

部署平台的要职。

搭载无人机。各国最新研制的护卫舰都考虑搭载无人机。法国在其新一代FTI型护卫舰的设计方案中，提出搭载Tanan隐身无人直升机；德国也有在F125型护卫舰上部署无人机的计划。

搭载无人艇。为提高防护能力和反恐能力，未来的护卫舰将能携带无人艇进行作战。这些无人艇可在母舰周边海域执行侦察、监视等任务。

搭载水下无人航行器。英国新研制的26型护卫舰，在其机库附近设有水下无人航行器的存放空间和布放收放装置。西班牙海军未来F-100型护卫舰舰艉可搭载2～4艘水下无人航行器或无人艇。

> 图286　英国26型护卫舰舰艉

参考文献

1. 中国海军百科全书编审委员会.中国海军百科全书.北京：海潮出版社，1998.
2. 宋兰珠.护卫舰综述.现代兵器，1995（11）：17-20.
3. 吕俊军.现代军舰分类纵横谈.现代舰艇，2004（5）：22-25.
4. 张文毓.国外轻型护卫舰发展现状综述.中外船舶科技，2008（4）：21-24.
5. 林彬.护卫舰的发展之路.军事文摘，2015（1）：23-27.
6. 石荣生.蓬勃发展的护卫舰.现代军事，2001（2）：32-33.
7. 朱怪昀.带水而居战后中日两国导弹护卫舰发展回顾.现代兵器，2008（11）：15-24.
8. 刘凤景.步入21世纪的护卫舰及轻型护卫舰.现代兵器，1998（8）：31-34.
9. 蓝杰斌.战后的英国皇家海军护卫舰.舰载武器，2003（3）：52-55.
10. 石荣生.蓬勃发展的护卫舰.现代军事，2001（2）：32-33.
11. 陈林，熊海峰，魏青.深V船型大型化应用分析.中国舰艇研究，2016，11（5）：9-13.
12. 张明.轻型护卫舰武器那些事儿.军事文摘，2015（1）：38-41.
13. 吉桂明.1981-2012年各种主动力装置的装舰情况.热能动力工程，2014，29（1）：70.
14. 柳志忠.舰艇隐身技术的发展.舰艇电子工程，2014，34（3）：25-29.
15. 刘江平.轻型护卫舰舰载武器新秀（下）.海洋世界，2010（8）：57-59.
16. 吕修顺.打造最强MEKO舰——不断升级的澳大利亚海军"安扎克"级护卫舰.舰载武器，2009（3）：61-72.
17. 郑明.试论英国、法国驱逐舰、护卫舰在设计思想中的某些发展观点.海工科技，1980（4）：27-36.
18. 王玉娟.轻型护卫舰的模块化设计方法研究.哈尔滨：哈尔滨工程大学，2009.
19. 佚名.装备日趋先进、用途愈加广泛的护卫舰.现代军事，1995（7）：6-7.
20. 崔为耀.未来的反潜护卫舰.技术经济信息，1990（2）：26.
21. 石荣生.90年代典型护卫舰及其主要平台技术特点.现代军事，1996（9）：21-24.
22. 王崇.人民海军护卫舰的发展历程.舰载武器，2004（3）：38-43.

23. 朱怿昀.海疆忠诚卫士——中国65型舰炮护卫舰.现代兵器,2007(6):6–8.
24. 广闻.近海卫士 浅析人民海军新型056型护卫舰.舰载武器,2011(1):26–29.
25. 银河.中国江湖级护卫舰的发展及现代化改装前景分析.舰载武器,2007(2):28–29.
26. 巩琳萌.世界十大顶级现役护卫舰(上).生命与灾害,2012(11):16–17.
27. 巩琳萌.世界十大顶级现役护卫舰(下).生命与灾害,2012(12):18–19.
28. 尹岭.悠悠然处作奇峰——纵观佩里级护卫舰.舰载武器,2006(12):67–76.
29. 毕晓普.佩里级护卫舰:老当益壮骋沙场.中国国防报,2014-3-18(13).
30. 贺茗芳.护卫舰:美国老佩里南亚重上阵.中国国防报,2008-7-15(12).
31. 刘征鲁.日暮途穷的佩里级护卫舰.解放军报,2017-5-26(9).
32. 予阳.近海远洋两相宜 俄罗斯22350型护卫舰.舰载武器,2010(12):43–51.
33. 叶莲.22350护卫舰:海上多面小能手.中国国防报,2012-12-4(14).
34. 于德斌."戈尔什科夫"号:俄海军的新生.中国国防报,2014-11-18(13).
35. 佚名.俄"戈尔什科夫海军上将"号将进行海试.现代军事,2015(5):17.
36. 银河.最后的[公爵]英国海军23型导弹护卫舰.舰载武器,2006(11):46–53.
37. 张保山,邓雅娟.英国23型护卫舰的全球角色.情报指挥控制系统与仿真技术,2003(2):1–8.
38. 崔为耀.英国23型护卫舰的设计特点.技术经济信息,1992(6):35–37.
39. 司云祺.德意志海上新霸主——F124型萨克森级护卫舰.舰载武器,2005(4):43–46.
40. 佚名.德国124型"萨克森"号防空护卫舰.现代兵器,2003(3):53.
41. 王绪智.德荷共研新成果F124与LCF护卫舰.现代舰艇,2001(4):28–30.
42. 覃俞盛."五虎"争雄:欧洲新型防空舰PK.舰艇知识,2011(11):50–55.
43. 王绪智.西班牙海军F–100级护卫舰.现代兵器,2002(2):16–18.
44. 虞非凡.澳大利亚防空舰项目钟情西班牙F100护卫舰.世界报,2007-5-9(15).
45. 许建岭,查长松,刘江平.欧洲"神盾"第一舰——西班牙F100护卫舰.现代军事,2003(9):31–33.
46. 予阳.印度海军的亮银枪——什瓦里克级护卫舰.舰载武器,2007(4):48–53.
47. 章明.印度式"国产"什瓦里克级隐身护卫舰内幕.国际展望,2007(17):46–51.
48. 詹姆斯·C·巴塞特,石宏.美国人眼中的中国056型新型巡逻舰.舰载武器，2011（7）：22-24.

49. 稳拿，许向玉.一叶知春秋 参观056级轻型护卫舰.兵器知识，2013（9）：25.

50. 海翼.俄海军正在缩小差距——近观俄"守护"号20380型隐身护卫舰.海洋世界，2010（8）：60-62.

51. 袁刚辉.俄罗斯新一代海防卫士 20380型轻型导弹护卫舰.现代兵器，2006（1）：39-41.

52. 王峰.俄海军20380型近海多用途护卫舰.现代军事，2006（2）：51-52.

53. 一研.俄罗斯海军新一代隐形护卫舰全球一流.航海，2007（5）：16.

54. 孙飞宇.[梅科]系列护卫舰全记录.舰载武器，2007（5）：49-59.

55. 银河，祁长军.中国现代护卫舰的技术发展及出口前景——兼评F-22P型护卫舰.舰载武器，2009（3）：29-43.

56. 天鹰.海外"江湖"——出口国外的中国江湖级护卫舰.舰载武器，2010（9）：35-40.

57. 银河.中国江湖级护卫舰的发展及现代化改装前景分析.舰载武器，2007（2）：28-40.

58. 高近.最先进的隐身战舰.交通与运输，2012，28（1）：60.

59. 徐文.法国的拉斐特级隐身护卫舰.飞航导弹，2003（1）：27.

60. 吕强.法国"拉斐特"级护卫舰.现代舰船，2009（7）：62-63.

61. 曹雷.瑞典"维斯比"级隐形护卫舰.军事文摘，2017（3）：83.

62. 佚名.瑞典Visby级轻型护卫舰采用碳纤维夹心材料.高科技纤维与应用，2014（4）：43.

63. 石荣生.独具特色的瑞典维斯比级隐身护卫舰.现代军事，2000（5）：43-45.

64. 陈传胜.瑞典海军维斯比级隐身轻型护卫舰.舰艇科学技术，2001（6）：59.

65. 严竞."维斯比"护卫舰——"蒙面杀手".解放军报，2010-1-25（8）.

66. 远林.纪念西沙自卫海战胜利30周年 激战西沙——西沙自卫海战及参战舰艇.舰载武器，2004（4）：79-87.

67. 武林樵子.怒海轻骑——人民海军037系列反潜护卫艇.舰载武器，2005（2）：29-33.

68. 天鹰.人民海军导弹艇战力的跨越式发展.舰载武器，2005（5）：32-36.

69. 银河.碧海轻骑 人民海军红箭级导弹艇.舰载武器，2004（7）：33-37.

70. 霍克.疾风利剑 从现代海战场看人民海军导弹艇作战能力的提高.舰载武器，2011（3）：27-32.

71. 宋杨，柳正华.揭秘美国未来导弹护卫舰.军事文摘，2017（19）：22-24.

72. 王泉水.欧洲多用途护卫舰 战后欧洲最大现代化造舰项目.国际展望，2005（15）：24-31.

73. 柳正华.《国家造舰战略：英国未来海军造舰计划》解读.军事文摘，2018（1）：39-41.

74. 马凯.俄罗斯未来舰队的中坚——PROJECT"20380工程"护卫舰.舰载武器，2003（9）：43-45.
75. 史文强.英国披露海军下一代26型隐身护卫舰设计.舰艇科学技术，2012，34（9）：143.
76. 任悦琴.英国启动26型护卫舰计划.舰艇科学技术，2010，32（5）：98.
77. 刘征鲁.护卫舰发展趋势分析.中国国防报，2013-2-19（14）.
78. 熊佳.时有惊鱼掷浪声 英国26型护卫舰发展初探.舰载武器，2010（7）：50-60.
79. 徐文.德国的未来护卫舰.飞航导弹，2002（6）：13-15.
80. 张钊.德国海军未来的F125级护卫舰.现代军事，2006（2）：52-53.
81. 周彧.守卫级护卫舰：俄海军未来中坚.中国国防报，2011-7-19（13）.
82. 章明.太极旗，向蓝水飘扬 韩国FFX型护卫舰发展计划透视.现代兵器，2009（6）：32-36.
83. 司马平.英国海军未来30年装备建设动向.现代军事，2017（Z1）：125-128.
84. 李洪兴.法国公开新型护卫舰.现代军事，2016（12）：10.
85. 徐文.德国的未来护卫舰.飞航导弹，2002（6）：13-15.
86. 王绪智.德荷共研新成果F124与LCF护卫舰.现代舰艇，2001（4）：28-30.
87. 徐青.国外现代驱逐舰与护卫舰M.哈尔滨：哈尔滨工程大学出版社，2017.
88. 江海，张亦隆.中国护卫舰史（上）.现代舰艇，2016（5）：32-58.
89. 张亦隆.中国护卫舰史（中）.现代舰艇，2016（6）：26-39.
90. 长弓.中国护卫舰史（下）.现代舰艇，2016（7）：31-44.

后 记

新中国成立以来，我国舰船与海洋工程装备从小到大，由弱变强，实现了跨越式发展，为捍卫我国海疆和保障国民经济的发展作出了巨大贡献。为了使广大青少年和公众读者了解到我国舰船研制的艰难历程和取得的成就，中国船舶及海洋工程设计研究院、上海市船舶与海洋工程学会、上海交通大学及上海科学技术出版社密切携手，编纂出版"国之重器——舰船科普丛书"，向中华人民共和国建国70周年献礼。

此套丛书编写得到曾恒一院士、潘镜芙院士以及80多位新老科学家的响应和支持，为其顺利出版奠定了基础。丛书编纂中，注重原创，努力将科学性、权威性、严谨性贯穿始终，把技术性、知识性、趣味性融于一体，把舰与船的专业知识从学术殿堂驶达青少年和公众读者的心田。

上海市船舶与海洋工程学会理事长邢文华、中国船舶及海洋工程设计研究院党委书记卢霖、江南造船（集团）有限责任公司董事长林鸥、沪东中华造船（集团）有限公司纪委书记胡敬东等领导对这套丛书的编撰出版予以多方支持和鼓励，并明确指示：该丛书的编撰是一项系统工程，要求高、时间紧、工作量大，要发挥科技人员的参与意识和普及"国之重器"科学知识的积极性，努力把丛书编好，使它成为一部向广大青少年和公众读者科学普及舰船知识，弘扬海洋文化，开展国防教育的好丛书。

100多位从事舰船及海洋工程科研、设计、建造的专家和老、中、青三代科技工作者参与了丛书的编写。撰写者大多是肩负科研任务的一线科研工作者，只能利用业余时间进行编写；他们不是专业的科普作者，但要完成从建造者到教育者、从设计员到讲解员的角色转换；学术著作可以精尖高深，科普文章却要浅显易懂，要像对学生上课一样，心口相传、绘声绘色，这对他们而言绝非易事。但面对困难，他们不曾退缩。在大家的心中，参与丛书编撰不仅是对投身舰船科研、设计、建造实践的重塑，更是为了中国造船事业后继有人、薪火相传。从领受编撰任务的那一天起，他们酝酿推敲、遴选谋篇、不辞辛劳、不舍昼夜，把对科学的爱、对祖国的情凝练成书香墨宝。

历经2年，这部丛书终于与读者见面了。丛书的编撰得到众多单位支持，并成立丛书专家委员会，严格遵循资料汇总、

提纲拟制、内容撰写、审查把关、全稿统筹的编纂规律，先后100多次召开书稿初审会、复审会和终审会，确保内容准确、权威。

因此，"国之重器——舰船科普丛书"具有以下特点：

一是广泛性。丛书涵盖了当今世界主要舰（船）种，内容包括舰船的诞生、发展历程、关键系统设备和发展前景等，是目前已出版舰船科普丛书中较齐全、较系统的一套科普丛书。

二是原创性。目前市场上有关舰船方面的科普图书屡见不鲜，但引进的多，原创的少，而这套丛书立足于国内舰船研制历程，经过精心策划，历经2年的努力原创而成。

三是权威性。丛书由中国船舶及海洋工程设计研究院、上海市船舶与海洋工程学会和上海交通大学主编，联合江南造船（集团）有限责任公司、沪东中华造船（集团）有限公司、上海外高桥造船有限公司、中国海洋石油集团有限公司等单位，还成立了由曾恒一院士、潘镜芙院士领衔的专家委员会对丛书内容进行专业技术上的把关，保证了此书的科学性和权威性。

四是充满情怀。习近平总书记指出：科技创新、科学普及是实现国家创新发展的两翼，要把科学普及放在与科技创新同等重要的位置。丛书正是基于这一精神向全民，特别是青少年介绍舰船科技知识，弘扬科学精神，传播科学思想和科学方法，激发爱国热情，使全民关心、热爱、支持国防建设和舰船事业的发展，为实现强军梦、强国梦尽一份心力。

五是集体创作。老、中、青100多位科技工作者参加丛书编撰，每分册从提纲到初稿、定稿，均经众人讨论、修改，所以说丛书是集体创作的成果。

丛书编写过程中参考了一些书籍和报刊，引用了一些观点和图片，在此表示诚挚的谢意。

在丛书出版发行之际，向各位专家、全体编撰人员，以及关心、支持丛书编撰出版的有关单位和个人表示崇高的敬意。

对于书中不妥之处，希望广大读者予以指正。

张　毅

2018年8月

国之重器——舰船科普丛书
出版工作委员会

- **主 任**
  温泽远

- **副主任**
  魏晓峰

- **执行主任**
  侯培东

- **策划编辑**
  楼玲玲　陈　立　潘慧中　陈晏平

- **编辑人员（以姓氏笔画为序）**
  王　辉　朱永刚　杨　燕　李　艳　李宏瑞　沈晓平　张　帆　张钰琼　陈　立　陈　晨
  陈晏平　姚晨辉　高军晓　高爱华　黄丽芬　楼玲玲　潘慧中

- **美术编辑**
  赵　军　潘慧中

- **技术编辑**
  张志建　吕　伟　陈美生　王晓颖　王永容

- **责任校对**
  朱　虹　陈敏芳　卢文斌　李瑶君　翟　红

- **发行推广**
  罗小林　李　旻　杨　淦　朱旖旎　李宏瑞　陈　立　潘慧中　陈美生

- **特约顾问**
  田小川　李维靖

本书内容由中国船舶及海洋工程设计研究院审定。本书所使用的图片由中国船舶及海洋工程设计研究院、上海市船舶与海洋工程学会、上海交通大学、江南造船（集团）有限责任公司、沪东中华造船（集团）有限公司、上海外高桥造船有限公司、中国海洋石油集团有限公司、中船重工第七一四研究所、少年儿童出版社等提供。

特别说明：本书中可能存在未能联系到版权所有者的图片，请见书后与上海科学技术出版社联系。